企業傳承與交接班實務

從心態調整、股權規劃到家族辦公室
增進兩代和諧，實現企業永續的百年大計

曾國棟、黃文鴻——原著・口述

李知昂——採訪整理

作者簡介

曾國棟——原著・口述

一九八〇年與友人合資創立友尚，從一個純貿易商的角色，轉型為代理商，再擴大規模成為電子零組件通路商。二〇〇〇年成為台灣第一家上市的通路公司，二〇〇九年營收突破千億，二〇一〇年底加入大聯大控股。大聯大控股是全球前三大半導體零組件通路商。

現任大聯大控股永續長、友尚集團董事長，曾參與經濟部中小及新創企業署「創業A^{+}行動計畫」、中小企業總會「二代大學」、全國創新創業總會、AAMA台北搖籃計劃等組織，擔任輔導新創與企業的導師。

創業初期便立下了「無私分享」的人生目標，非常重視教育訓練，遂從一九九九年開始著手整理歷年來的實務心得，陸續累積約六十萬字，並依課題分門別類，整理成三本《分享》系列教材，作為內部教育訓練之用，並擷取部分內容編成《讓上司放心交辦任務的CSI工作術》《比專業更重要的隱形競爭力》《王者業務力》《想成功，先讓腦袋就定位》四書。

二〇一九年十二月，秉持「分享」初心，創立中華經營智慧分享協會（簡稱智享會或MISA），擔任首屆理事長，並邀集六十多位成功企業家，透過分享及輔導，將他們的經營智慧予以傳承，同時數位化。

另著有《商學院沒教的三十堂創業課》《工作者每天精進一%的持續成長思維》《管理者每天精進一%的決策躍升思維》《關鍵決勝力》《企業傳承與交接班實務》，其中，「管理者」一書榮獲經濟部中小及新創企業署一一〇年度金書獎（經營管理類）。

黃文鴻——原著

磐合家族辦公室股份有限公司共同創辦人暨董事總經理，擁有二十多年國際財富管理、家族辦公室與跨境稅務規劃經驗。畢業於台灣大學法律系，並取得荷蘭萊頓大學（Leiden University）國際稅法碩士學位，熟悉新加坡、香港、開曼群島、台灣與中國大陸的財富管理、信託及私募基金法規。

黃文鴻曾任新加坡保得利集團（Portcullis Group）大中華區董事總經理及集團董事，是少數進入海外獨立信託公司董事會的華人，深諳信託、離岸公司與國際稅務架構。二〇一七年加入磐合家族辦公室後，專責為超高淨值家族設計信託、基金與跨境資產規劃，累計協助逾百個華人家族與三十多家國際上市企業創辦人、股東進行財富傳承與資產保護。

他亦經常受邀於亞太地區財富管理與家族辦公室高峰論壇發表演講，並透過主流媒體分享專業見解，為華人家族提供穩健、前瞻的財富規劃整合方案。

李知昂——採訪整理

ＩＣ之音．竹科廣播企劃經理。曾獲四座廣播金鐘獎、一座卓越新聞獎廣播組深度報導獎、第一屆倪匡科幻獎小說組並列首獎、第一屆第三波奇幻文學獎首獎。

目錄 CONTENTS

第二篇 家族傳承「守」「攻」「傳」 黃文鴻◎著

第2章 世代財富自由與永續家族治理 357

作者序一

從交棒到永續的傳承思考

曾國棟

我年過七十，已進入古稀之年，也出版了十一本書，過去經營事業的過程中，所體悟到的心得都差不多已經寫完了，現在沒有在第一線上營運，比較沒有什麼新題材，本來想停筆了，後來碰到了磐合家族辦公室黃文鴻先生，他精心規劃了四天的家族傳承工作坊課程，利用中華經營智慧分享協會（簡稱智享會或MISA）會所開班，希望我可以擔任其中半天課程的老師，並參與工作坊的點評。

我一九八〇年創辦友尚企業，二〇〇〇年股票上市，將股票均分給子女。二〇一〇年加入大聯大控股，二〇一五年將營運全部交棒給專業經理人，自己只擔任董事長職務，歷經兩任的CEO專業經理人，也都運作得很順利。

本來我自己覺得沒資格擔任傳承的老師及點評，因為我自身並沒有傳承給子女，我以為應該不算是成功的傳承。後來很多人跟我分享，我才改變想法。原來，能將自己創辦的公司上市，又加入大聯大控股聯盟打國際杯；原友尚企業成功交棒給專業經理人，自己退而擔任監督角色，企業還持續在成長中；子女當快樂股東，有他們自己有興趣的事業，這應該算是成功的傳承！

答應擔任家族傳承課程的老師之後，我開始了解家族傳承的內容及要點，也開始盤點我過去的經驗與文章，有哪些與家族企業的傳承有關。

後來與出版社討論，他們覺得交接班及傳承很重要，過去比較少這方面的書，鼓勵我與黃文鴻先生合作撰寫，經過近一年時間的整理，終於完成了本書。第一篇是我在經營與輔導的一些體悟，第二篇是黃文鴻先生專業的家族傳承概論及執行方法，對家大業大的企業很有幫助。

狹義的傳承是家族的股權傳承，廣義的傳承則包括理念的傳承，以及傳承給專業經理人。不管是傳給家人或專業經理人，有些觀念及方法是共通的。傳承的目的不單只是交棒，而是交棒之後企業能繼續成長。本書的內容匯集了交接班及傳承時，需要具備的要點，包含我的經歷、心得和實務做法，不見得完全符合各種狀況，只供參考，希望對讀者有些許幫助。

感謝商周出版的督促及規劃，更特別感謝李知昂協助採訪整理，常熬夜加班或犧牲假期才得以如期完成。謹以此書獻給我的家人並回饋社會，很高興又完成我擔任智享會（MISA）創辦人的部分責任。

作者序二

「真正深度」做好傳承這件事，難度很高！

黃文鴻

很高興家族傳承在這幾年成為一門顯學，大家都在談，可大幅提高台灣創一代企業家在這方面的意識。但奇怪的是，怎麼瞬間大家都成了這學問的專家了？

每次別人問我從事什麼工作？我常戲稱我從事「第九大」特種行業，因為我的工作內容真的很特別，除了要熟知各國稅法與繼承相關法律、國際金融金流操作、新加坡、香港、杜拜、美國等國家家族辦公室法令政策、資產投資管理等，還要了解心理學與讀心術，因為我常需要判斷客戶嘴巴跟我說的、他心裡隱藏的，還有他心裡想的與客觀情況的差距。通常一個客戶要服務二至三年後，他才會真正對我坦白接近百分之百真實的情況，但這些我都必須要能儘早看出與判斷，否則常會做白工或是無效規劃。

我想表達的是，我做得越久、做得越多，越深深覺得這個工作很難！換個角度說，**要能「真正深度」協助客戶做好傳承這件事，難度很高。原因是：「真正深度做好傳承這件事」，它是各種角度、很多層面與層次的綜合，而不是各種單一角度考量的拼湊。**簡單來說，一個好的傳承規劃方案，它必須在境內外稅務、法律、金流等各層面與角度都可行，才是一個好的（或及格的）規劃。但往往這樣還不夠，還必須再加入精確判斷家族成員間實際的感性面相處情況，才算完整。我常碰到的情況是，一個規劃方案可以在稅務、法律、金流等各方面都一百分，但實際上在家族內卻完全推不動，導致它只是一個偉大的文學作品（**the greatest work of art**）！

雖然現在大家都在談家族辦公室，但絕大部分的人都只是把自己本來的名片與職銜，從會計師、律師事務所、基金公司、資產管理公司、保險公司等換個名稱而已，做的基本上還是自己原本在做的事，提供的服務依然是單一角度的服務。這無可厚非，畢竟通才太少了，但是對客戶而言，這不是客戶想要的。**專業家族辦公室服務的核心價值，在於協助客戶取得「高度整合」的「深度」專業服務**。

另一普遍的情況是，客戶經常在各種場合聽四面八方各個大師的演講，各種古今中外的家族案例說得頭頭是道，**但在最後提出問題：「請問我家現在面臨的情況到底要怎**

麼做？」卻很少人能一針見血、直指核心地回答。這也是目前客戶最大的困惑與問題。

本書所談的就是最實際的「我現在應該怎麼做？」以及「第一步要做什麼？」的實務。我根據近二十年的實務經驗，融合最常見的三、四個家族的真實情況，構建了一個「陳氏家族」虛擬案例。每個章節先談重點觀念，再以此解析陳氏家族如何具體落實。這是一本坊間絕無僅有的傳承實際操作的實務工具書。

很感謝曾董事長發起與創建智享會（MISA）這個平台，聚攏了業界各領域的老董與老總們，將畢生實務功力毫無保留地傳承、分享，令人敬佩！智享會所提供的課程是我看過層次最高與最實用的後EMBA課程，而曾董於本書中所分享的各個傳承接班的理念，也是我見過最具操作性與可驗證的寶貴智慧。能與曾董合著此書，備感榮幸！同時也感謝磐合團隊對本書相關資料的蒐集、彙整與協助。

家族企業傳承接班的學問博大精深，完全可以、也應該是一門獨立的學科研究。筆者雖於此領域已專注執業近二十年，思慮仍難免有所疏漏，歡迎讀者提供意見交流與指正（morrishuang@panhefo.com），感謝！

第一篇

傳承的智慧與關鍵思維

曾國棟◎著

第一篇由曾國棟先生分享其企業經營與交接班歷程的深刻洞見，結合個人實務經驗與輔導案例，提出企業傳承應制度化、專業化的觀念。內容從心態調整、接班者培育、股權與經營權的分離，到激勵制度設計與永續發展策略，逐一剖析傳承的關鍵。作者主張「無勝有利」的智慧，鼓勵交班者適時放手、接班者勇於承擔，並透過建立良好的溝通與授權機制，讓企業能穩健交接並持續成長。

前言

企業傳承需要制度化、專業化，確保成功

曾國棟

本書的第一篇，我分享自己多年來參與企業經營、家族傳承的實務經驗，內容涵蓋了企業從第一代到第二代交接班時，雙方需要建立的正確認知與心理準備，如何面對傳承過程中必經的磨合與挑戰。此外，企業若想永續經營、穩健成長，也需要在股權設計、治理結構與組織策略上提早布局。

這些文章的重點，正是傳承過程中需要全面思考的各個面向，例如：接班人的心態調整、理解「無勝有利」的智慧、如何與股東和平相處、設計公平合理的分息與增資制度、制定有效的激勵機制、評估上市櫃的利弊、面對投資與併購時的策略選擇、培養關鍵人才、建立適當的授權與核決機制，以及推動組織架構的調整等等。

這些課題不僅是企業傳承階段的重點工作，更呼應了本書第二篇，家族辦公室成立

時，家族憲法、各個家族委員會所涵蓋的內容。

若能善用這些觀念與方法，就能協助企業的接班與傳承邁向制度化、專業化，最終朝向永續經營與百年企業的目標邁進。

第1章

傳承的觀念與心態調整

1 家族與企業傳承的孫子兵法，無勝有利是最高境界！

《孫子兵法》詮釋「勝」與「利」

有一次，我聽一位對於《孫子兵法》極有研究的講師，談《孫子兵法》如何詮釋「勝利」？

他的觀點很特殊，他說《孫子兵法》裡的勝利，是拆成兩個字來看，勝是win，利是benefit。如果這樣拆，事情就能分成四個象限：有勝有利，無勝有利，有勝無利，無勝無利。

於是他問大家，哪一個最好？多數人都回答：「有勝有利」最好。他卻說不對。

原來，無勝有利，才是最好的！無論做生意或打仗，最後的目的是什麼？是為了

「利」！如果能夠得利，何必一定要「勝」？假設結果對我有利，就算我沒有得到表面上的「勝」，無所謂呀！如果我的目的是為了獲利，跟對方認輸、削一點面子又何妨？

有勝又有利，面子、裡子都拿到，為什麼反而不好呢？原因是為了「勝」，可能要花很大的力氣，或在商場上與對手相爭，或在家族裡跟家人爭得面紅耳赤。最後，當然你是贏了，可是你要投入許多資源、時間，勞民傷財。「無勝有利」才是最高境界，類似於「不戰而屈人之兵」，是兵法的上上之策。

原來《孫子兵法》的「勝」與「利」竟是這樣算的！聽老師妙語如珠，學員們不禁恍然大悟，哈哈大笑。

啟發與迷思

我們常常陷入的迷思是，做許多事情都為了「勝」，不是為了「利」。做許多事情以前不妨先想想，自己最想要的「利」到底是什麼？

比方在家族企業中，你想要的是掌權，還是賺錢？如果兩者都要，你拿得到嗎？你願意為此付出多少代價？即使掌了權，若你不擅長經營，也賺不到錢。相反地，是否不掌權，卻可以賺錢，對你反而更好呢？

同樣地，面對一場爭執，你要的是面子，還是裡子？想通之後，往往就會發現，退一步海闊天空，說聲對不起，就把許多危機化於無形。

我的故事：秉承老二哲學，也是人生勝利組

我的創業生涯很幸運。當初，我跟友尚公司的創辦人原本在同一家公司，他先離職出來創業，後來我才出來跟他一起做。因為友尚經常接觸國際供應商與客戶，他對我說，你以前負責外銷，英文比較好，建議讓我來當頭。

可是由於一些因素，經過討論，最後決定由我太太擔任董事長，原創辦人當總經理，我自己掛執行董事（management director, MD）。這個職稱我用了很久，看起來我只是老二，可是我並不在意。直到公司要上市櫃，主管機關核准之前跟我說，你是實際的經營者，一定要改任董事長或總經理，否則不讓公司上市，不得已，我才擔任董事長。

原創辦人跟我想法契合，對職位高低沒有意見，一切以公司最大利益為出發點。後

來友尚的經營一直很成功，我們兩人的薪水、股票、股息都一樣，**以獲利來講，兩人是一樣的。那麼，何必爭著一定要當老大呢？**我體會到這個道理之後，在加入大聯大的時候，因為老大已經做得很不錯，我就不想爭老大，而是擔任副董事長或策略長，可以負責整合就好。

同樣的道理，無論是家族企業的傳承，或任何公司的經營，秉承老二哲學，你也可以成為人生勝利組，未必要爭著當頭才是贏家。

接班者得到權力，責任重大，要花很多心思，壓力也大

接班者得到權力，看似光鮮亮麗，但成為實際經營者以後，才會發現責任重大，員工的生計、企業的成敗，都扛在你的肩上。以後的日子，勞心勞力、費盡心思，壓力也大得多。即使做得不錯，也可能被批評。此外，接班者要負責營運，時間比較不自由，有時候要出國散個心都困難，無形中可能會失去許多生活樂趣。

由此延伸，我有幾個建議。第一，如果家族有好幾個人在企業爭著當接班者，剛好你是其中之一，可以參考老二哲學，未必一定要去爭，就算爭到了也很累。第二，如果

你是快樂股東，由你的兄弟或親人接班，請不要在一邊說風涼話，要對他多點體諒，決策者的壓力是很大的。

失去面子，得了裡子，分息制度完善，當快樂股東

如果你是家族企業的二代之一，第一代沒有選擇你接班，不必感到挫折，未來的人生還很寬廣。或許你覺得失去面子，沒有當上董事長或總經理，可是得了裡子，你擁有合理的股權，只要分配股息、股利的制度完善，由別人去經營，你從中得利，不是輕鬆又快樂嗎？

不只是家族企業，同樣的道理也可以應用在所有公司的接班。董總的位置雖然位高權重，你沒有當上也不必沮喪，因為無形中你也避開了許多沉重的壓力。

當然這也提醒家族企業的交班者，除了給接班者足以控制公司的股權，也要**照顧未接班的家人，不是接班者整碗捧去，而是規劃完善的分息制度，讓其他人當快樂股東，家庭氣氛才會和樂。**

未接班者沒有包袱，海闊天空，開創出一番新事業

企業的接班者當然會得到很多資源，不像新創事業萬事起頭難，可是相對而言，組織的包袱也比較沉重。

反過來說，即使沒有接班，我也看過一些成功案例，未接班者因為沒有包袱，又藉由家族傳承，得到了創業的啟動資金，開創新事業反而會更順利。如果這麼一想，就更沒有必要爭接班爭得頭破血流，說不定，**你放下了輸贏，反而拿到實利！**

爭權奪利落得兩敗俱傷，無勝也無利

再看《孫子兵法》，哪一種狀況是最差的？就是無勝無利。例如在企業中，兩個有望接班的人吵得半死，兩敗俱傷，那就沒有贏家，所有人的利益都會受損。

還有一種情形，是接班者順利選出，可是接班以後，其他人在下面抵制。例如兄弟二人都在公司，老爸指定哥哥接班，弟弟不服氣，就處處不配合。或是兄弟名義上在不同部門，各掌一方，實際上從不合作。結果公司不賺錢，甚至虧損嚴重，還不是兩個人

都吃虧？

這時，**未接班者若能體會老二哲學，合作共榮，就能把最糟糕的無勝無利，改造成最高境界的無勝有利，締造雙贏。**

結論：求利而不求勝

- 如果獲利不會少，不必搶著當老大，把事業做好才是最重要的。
- 接班者得到權力，看似光鮮亮麗，但成為實際經營者以後，才會發現責任重大。
- 未接班者責任較輕，如果能當快樂股東，說不定更有利。
- 家族企業中，交班者要照顧未接班的家人，規劃完善的分息制度，讓他們當快樂股東，家庭才會和樂。
- 未接班者沒有包袱，有時反而開創出一番新事業，放下輸贏，拿到實利！
- 未接班者若能體會老二哲學，合作共榮，就能把最糟糕的無勝無利，改造成最高境界的無勝有利，締造雙贏。

2 經營權與股權分開的思維

二代接班者，年紀輕輕就生病？

我認識一位二代接班人，不過四十幾歲，身體就不太好。深入接觸後才知道，他四十幾歲就接班，家族事業體頗為龐大，接班壓力沉重。跟老臣相處，也有喊不動資深幹部的問題。

探究他心理壓力的來源，還有一個重要原因，就是他擔心萬一經營不善，會丟他爸爸的臉。正所謂，做得好是應該，做不好很丟人。由於壓力沉重，心理影響生理，加上他在壓力驅使下特別努力，沒日沒夜地工作，才導致身體狀況一天不如一天。

不管他是能力夠，但喊不動老臣，團隊力量難以發揮，或是他本身能力不足，以致無法號召老臣齊心協力，無論原因為何，總之，他都算是勉強接班，事先的準備不足，導致接班後壓力特別大。

據我觀察，這類情形並不是特例，而是二代接班以後常見的現象。假設子女能力不是特別強，老爸卻還是希望把事業交給自己人，更會間接造成子女壓力破表。

啟發與迷思

這個故事給我們的第一個啟發，就是接班需要準備。如果確定要子女接班，必須及早培育，方法包括：送子女出去接受外訓、就讀相關科系、接受外界的課程或輔導。或是從內訓著手，進公司先接下某個職務，按部就班歷練一些重要部門或子公司，才能在接班時了解公司的全盤狀況。

甚至，應該及早讓接班人與老臣共事，例如成立經營服務中心（management service center, MSC），讓接班人以服務、協助的角度與各部門資深幹部合作，一起完成重要專案，建立彼此的溝通管道與默契，才不會在接班時手足無措，叫不動老臣。

二代未必都有能力接班，不要勉強

企業創辦人若想讓子女接班，最好及早詢問他們的意願，真的願意接嗎？確認子女有意願做，是一大關鍵，然後就可展開一系列的培訓。一般來說，二代有能力又願意接，是最好的情況。

如果二代毫無接班意願，或有意願但能力不足，我覺得不要勉強，以免到後來經營不善，跟老臣又不合，對公司反而造成傷害。最後公司營運走下坡，既對不起支持公司的股東，子女也累壞了身體，對公司更是不好，得不償失。

子女們一起共事不容易，可用子公司或獨立公司分權

另一個常見情形，是子女共事不容易。企業創辦人常把好幾個子女都安插到公司任職，執掌不同部門，有的管財務，有的管業務，有的管研發。這幾個部門如果互不影響，沒有太多糾葛與權力牴觸，可能還好。但如果任務執行上有些交集，產生衝突，這時候就很麻煩。有時候想管又不敢管，因為都是兄弟姊妹，管了可能會造成反彈，也可

能對方因為是親人身分，有恃無恐，拒不配合。

如果幹部是外人，反而好處理，可以明說，可以把人換掉，甚至可以一起吃飯、拍拍肩膀，把衝突化解於無形。家人之間卻會因此處不好，很難處理。

因此，**如果多名子女都想加入家族企業，而事業體的規模也夠大，可考慮讓子女到不同的分公司、子公司去任職，甚至擔任總經理，獨當一面，也能避免子女之間的衝突**。而且這些安排對他們的股權並沒有影響，他們在總公司還是有自己的股份。

這個策略，甚至可以驅使企業創辦人去思考，集團有哪些子公司？哪些公司值得投資或併購？或考慮從集團中分拆出一家新公司，新設立一家公司，甚至對公司既有的業務做切割，比如以區域劃分為美國區、歐盟區，讓不同的子女負責，各自的權責清楚，也不會跟其他子女有太多糾葛。

及早做分產、分權規劃，子女各自擁有一片天

企業創辦人要謹記，千萬不要等臨終之際，才規劃子女的分產、分權，太遲了！到時候時間壓力很大，突然之間要分，會衍生許多後遺症，因此我建議要及早規劃。**經營**

權與股權，兩件事可以分開思考。

也許創辦人心裡已經有數，哪些子女適合經營企業，哪些不適合。這時候，雖然公司股權分配要力求公平，但在經營權方面，卻可以適才適所，看看誰適合管哪一塊。有些人很內向，有些人長於攻城掠地，可去開拓市場，這些特質往往是天生的，很容易看得出來。

當然創辦人也要有心理準備，即使提早規劃分權，還是有些子女會不愉快，但無論如何，及早規劃都比臨終前更有餘裕，也能避免許多問題。且因為父母還在世，就算有人不愉快，他還是得照做。總好過創辦人不在了，兄弟姊妹之間爭得面紅耳赤，兩敗俱傷。

讓子女各自擁有一片天，不外乎妥善處理錢與權。股權分配公平，錢的問題就不大。至於接什麼樣的職務，也就是權力問題，還是那句老話，有些子女分別執掌分公司、子公司、新事業等，是較好的選擇，相對獨立，可以減少摩擦。**及早分權，因為一代創辦人還在，也能從旁輔導當教練，訓練二代獨立，兄弟爬山，各自努力。**

成功不必在我，分息大家都有份

以公平分配股權為前提，還有一個要點，即妥善規劃分息制度，可在公司章程規定盈餘的三〇％或更多用於分息。如此一來，即使公司沒有上市櫃，那些沒有參與經營的子女，也能分到息。

如此安排，那些沒有執掌母公司，而是出掌分公司或新興事業的其他兄弟姊妹，跟接班人之間的衝突也會降低，因為**成功不必在我，接班人做得好，賺了錢，兄弟姊妹都可以因為分息而受益**。

設計好專業經理人制度與激勵

如果企業不是由子女之一來接班，是由專業經理人接班，激勵制度更要設計好。企業主須注重如何提拔專業經理人，讓他們擔起責任，同時，也要適當地給予鼓勵。例如KPI績效獎金、紅利，核心高階主管則直接獲得經營股權獎金等，**對不同層級的專業經理人應有不同的激勵辦法。接班人也可以參與分配。**

激勵制度設計得好，專業經理人才會把公司當作自己的事業，公司賺錢，他也獲益。例如每股盈餘（EPS）達到多少，就能領取一定比例的紅利或獎金，甚至讓某些核心幹部入股等，都能使他們更有歸屬感，為公司全力以赴。

結論：經營權與股權分開，及早規劃

- 子女願意接班最好，要及早培育，並讓他們與老臣共事。
- 如果二代毫無接班意願，或有意願但能力不足，不要勉強，以免到後來經營不善，對公司反而造成傷害。
- 子女共事不容易，如果多名子女都想加入家族企業，而事業體的規模也夠大，可考慮讓子女到不同的分公司、子公司去任職，也能避免子女之間的衝突。
- 經營權與股權，兩件事可以分開思考。及早分權，因為一代創辦人還在，也能從旁輔導當教練。
- 鼓勵子女要有心理建設，成功不必在我，接班人做得好，賺了錢，兄弟姊妹都可以因為分息而受益。

- 善用專業經理人，妥善設計激勵制度，專業經理人才會把公司當作自己的事業，公司賺錢，他也獲益。不同層級應有不同的激勵辦法。接班人也可以參與分配。

3 股東相處首重尊重，善意解讀、和平相處

一轉念，惡意解讀變善意解讀

我輔導過一家南部的企業，二代接班人接了爸爸的事業，因為當時公司處於財務危機，找了外面的人來投資，注資超過資本額的三〇%。他很感謝對方相助，給了比較多的董監事席次。

現在他卻覺得對方很囉唆，每次來都有很多意見，索取許多資料，還要改東改西。這位二代覺得很煩，很想把公司賣給他們，讓他們來經營算了。

我問他，要是他們不買怎麼辦？他說，那就把公司賣給別人。問他賣給誰，他坦承，是這些投資他公司的人的競爭者。

我說：「這不是恩將仇報嗎？剛剛你還說很感激這些投資人，現在卻要賣給他們的競爭對手。」可是這位二代說他不管，因為太煩了。

我直說：「你是在逃避問題，不肯跟投資人好好相處。」接著問他：「假設你把公司賣掉了，你要去做別的事業，想不想做大？」他說想。「想不想上市櫃？」他也說想。關鍵的問題來了，我說：「到時候會不會有董監事？結果不是跟現在一樣嗎？可見你還是在逃避！」他則堅持：「我沒有逃避！」當場相持不下，我建議他回去好好想一想。

他想了幾天，回信給我，說我看穿了他心裡沒有講出來的話，從此他願意跟董監事好好相處。現在這家公司已經上市櫃了，發展得不錯，這位二代很感謝我的輔導，每次上北部，都帶好吃的東西給我。

啟發與迷思

這個故事的啟發在於，跟股東相處，第一個重點是懂得善意解讀。每一件事情你從正面看，他是在幫助你，給你建議，讓公司發展得更健全。

常見的迷思則是沒有站在對方的立場思考，沒有善意解讀，從負面看，就會覺得對方在挑剔。其實只要換位思考，尊重對方，就不會有這麼多的情緒。

我的故事：大股東相互尊重，合作愉快

在友尚公司，當初最主要的兩個合夥人，我們就是以互相尊重的模式運作。有時候他做了決定，我內心的意見不同，可是我知道很難說服他。若我一定要說服，得花很多時間去想，而且他還不見得聽。

於是我們互相尊重，他不能決定就問我，要我決定。我不能決定就問他，讓他拿主意。兩個人都不能決定，就擲銅板。

為什麼我不會因為意見不合而爭吵、生氣？憑一個思維模式：假使我確定夥伴是為公司好，就不需要多提意見，提意見不過是多爭執而已。**大原則就是尊重對方的職權範圍**。他若來問我，我就給意見，但還是請他決定，我不會堅持。這樣子雙方都省事。

當權者與在野者的立場不同，意見不同是正常，很難改變

在企業傳承接班的過程中，經常看到的衝突發生在接班之前。創辦人讓二代或專業經理人出任要職，準備接棒，後繼者卻發現他提出的新做法，創辦人往往不埋單，讓他十分挫折。

我經常勸這些朋友不要有挫折感，**根據統計，面對企業經營的難題，交給不同的人來處理，七〇%的意見是不一樣的。**尤其是執掌企業方向的當權者，有許多考量和視野，是準備接班的在野者所無法體會的，意見不同很正常。**此外，一定要知道，改變別人的想法，難度其實很高，**何況對方還是當權者。**假如你過於堅持己見，吵贏未必是贏，反而可能破壞了親情。**

在這種情況下，你可以表達意見，但還是要尊重當權者的職權。不只如此，更要努力將心比心，了解當權者做決策的原因，站在對方的立場思考，彼此的合作才會更順利。

善意解讀當權者的決策，大多數出發點是為公司好

後繼的接班人與當權者相處，如果他有一些決策跟你想法不同，我可以提出另一個觀點幫助你說服自己。其實**當權者也是公司大股東，甚至是最大股東，他的出發點一定是對公司好，接班人沒必要堅持己見，更可善意解讀。**

同樣道理，也可以應用在公司經營者、二代跟其他董監事、大股東的相處上。除了少數特例之外，只要是公司股東，就是命運共同體，希望公司賺錢，因此對於他們的意見，都可以先善意解讀，不必戴上有色眼鏡，甚至覺得對方找麻煩而有情緒。

沒有完美的決定，有成功也會有失敗，請體恤決策者的辛勞

在企業中，常見的迷思是當權者和接班人意見不同，經過深入討論，選了其中一方的做法，結果失敗了。這時候，另一方往往會想：我早就提醒過你，你看，果然失敗了吧？甚至把難聽的話說出口，讓關係降到冰點。

我建議從另一個角度去想，世上沒有完美的決定，無論建立新組織、新事業，開發

新產品或投資，有成功也會有失敗。**無論決策者是企業一代或二代，當初已經花費了極大心力去思考，即使不幸失敗了，不妨為他加油打氣，體恤他的辛勞，再從失敗中總結經驗。**企業需要有容錯的空間，未來才有繼續創新的可能。

接班者走不同路，也可能會到達新目標

當權者不肯或不敢放手，可能是因為接班人的做事方法、行事風格與原本的做法不同，讓他看不過去，或者很擔心，又想把權力收回。

不過我的經驗是，為達到同樣的目的，我走的路徑是A，我交棒的執行長可能走B，再換一個人搞不好走C，**每個人的想法不太一樣，但抵達的終點都是一樣的，並不用太擔心。**

即使你看接班人，覺得他在繞彎路，很受不了，但結果不見得會比較差。我建議不要急著短期內收割結果或下定論，而是給一點時間。以我為例，有時會覺得接班人是怎麼搞的，明明某件事照我的想法做，很快就能做好，為何他好像跌跌撞撞？但如果我又插手，交棒就不會成功。

因此我建議，**交棒之後，頭三、四個月的過渡期，無論看得再不習慣，都要儘量忍住不插手，等接班人自行修正**。以我為例，觀察一、兩年後，雖然他們走的方式不全然與我過去的相同，結果也未必不好。

後來，大聯大的CEO有時會請我參加友尚的會議，會後他經常問我的意見，我通常都告訴他，你們決定就好，我沒有太多意見。因為我擔心插手後，會造成雙頭馬車，也會讓我再度捲入經營決策，脫不了身。若我真的有意見，跟友尚CEO或大聯大CEO私下溝通即可。

結論：善意解讀是關鍵

- 無論是當權者或在野者，都要善意解讀對方的言行，大原則就是尊重對方的職權範圍。
- 人與人七〇％意見不同，改變別人的想法，難度非常高。吵贏未必是贏，反而可能破壞了親情。
- 當權者或大股東，決策或建議的出發點一定是對公司好，可善意解讀。

- 當決策失敗，無論決策者是企業一代或二代，都已經花費了極大心力去思考，不妨為他加油打氣，而非一味指責。
- 接班人的想法即使跟當權者不太一樣，往往抵達的終點都是一樣的，並不用太擔心。建議不插手，給一段較長的時間觀察。

4 人人都可以被取代，不放手，孩子永遠長不大

主將離職，業績反而創新高

友尚的共同創辦人和我，在出來創業之前，本來都在一家零件通路公司上班，合作長達五年。我們兩人都算是公司的主將，我負責外銷的OEM專業代工客戶，他負責台灣的內銷客戶，頗受公司器重。

後來共同創辦人先自己出來創業，半年後我也離職，加入他的公司一起創業。當時我想，兩大主將先後離職，老東家的發展可能會受挫，所以三個月以後，打電話回去問問狀況，沒想到答案是公司發展還不錯。我心裡就有點不是滋味，暗想，為什麼兩個主將走了，居然生意還不錯？又過了三個月，我不死心，又打電話回去，覺得那家公司的

業績可能會下滑。不料得到的答案竟然是：公司業績創新高！

後來我終於想通了，因為事情都經過自己的手，才讓我自以為很重要，其實沒有人不可以被取代，新人只是需要發揮的空間。就像以前我公司的八樓有一座露臺，種了蛇木與天堂鳥。蛇木比較高，給了天堂鳥庇蔭，天堂鳥得不到陽光，就一直長不高。後來蛇木枯死了，本來我們想再補種兩棵，事情一忙就沒處理，想不到沒有蛇木以後，少了庇蔭的天堂鳥，卻長大、開花了！

啟發與迷思

這個故事的啟發在於，企業創辦人常以為自己無可取代，所以不肯放手，其實真的放手了，後面的人也可以讓企業步上正軌。就像我和朋友當年一樣，身為公司兩大主將，我們離開了，公司營運還是可以創新高。我建議企業創辦人不要自我膨脹，應該去除掉「非我不可」的觀念。

進一步想，創辦人交棒後，新生代沒有庇蔭，必須接受現實的考驗，反而成長得更快，就像天堂鳥失去蛇木的庇蔭，並不是壞事。

一個企業家覺得自己孩子不行，又別無選擇，遲不交棒

我在輔導企業的時候，曾經遇過一位創辦人，已經高齡七十五、六歲了，還在第一線。我常問他，怎麼還不交給小孩子接班？他總是說：「我的孩子不行啦，每天在公司看他，都覺得他做事有很多缺點。」

我就開玩笑地問：「你現在七十好幾了，總有一天會老，難道你外面有其他的孩子，比他更有能力嗎？」他笑笑說沒有。我就開門見山地說：「那你現在不交棒，更待何時？」後來這位創辦人就展開交接班，逐漸授權給二代，也進行得相當順利，其實觀念的改變就在一念之間而已。

父母從自己的眼光看孩子，總覺得他長不大，要護在手心裡。其實從外人的眼光看來，他的孩子能力不錯，早就可以獨當一面。

霧裡看花都很美，看自家人都不行

同樣的道理，也可以用在公司專業經理人的傳承。不少老闆可能都有類似的感慨，

公司裡的一位幹部，平常看他表現不怎麼樣，沒想到有朝一日，他自己出去創業，做得非常成功！

因為這些老闆身在局中，沒有跳出來看，手下的幹部在公司裡，可能沒有得到充分授權，就覺得他能力不行。重要事情都是老闆決定，他沒有獨當一面的機會。但**當幹部自己出去創業，有完整的決策權，他的許多想法就可以兌現**。但在原本公司的體制內，他就不能表現。

還有一個原因是，你看其他公司的幹部，或是創業家，就像霧裡看花，看到成果亮麗都覺得很棒。其實他們內部開會或做起事來，還是有許多你看不慣的地方，只是你看不到。如果他在你的公司裡，你天天看到他，就會覺得缺點很多。因此，**老闆往往會習慣性地低估了自家人，不可不慎**。

學會睜一隻眼，閉一隻眼

從霧裡看花延伸，我建議企業第一代要培養接班人的時候，學會睜一隻眼，閉一隻眼。把任務交辦下去，充分授權，不要成天問，過一段時間再看，說不定接班人已經把事情弄好了，成果還不錯。換句話說，接班人走彎彎曲曲的路，也會到達目標，只是路徑不同而已。因此在過程中不用過度緊張或過度插手。

從另一個角度，就是**不要追究太多細節，只需要階段性地檢視成果**。就像你上餐館，只是吃菜，會覺得很好吃。可是若你跑進廚房，看他如何洗菜、切菜，用什麼油炒菜，就覺得好像髒兮兮，或是很亂，你就覺得菜不好吃，甚至於不敢吃。

容許學習曲線的失誤，跌倒後學會自己爬起來

有些人會想，我傳承給二代，或是專業經理人等屬下，結果他們真的出錯了，果然證明他不行吧？還是得我自己來！

這個想法也可能是迷思。當創辦人或主管授權給屬下，常見的問題是授權之後，發現執行不順利，就輕易地拿回來自己做。這樣屬下永遠學不會。應該允許屬下犯錯，走過學習曲線的歷程，給屬下機會與時間去做，做錯了再發回修正。每次修正都是機會教育，讓屬下每次進步一點點，直到他能夠獨立。

只要屬下的錯誤不會嚴重到讓公司傷筋動骨，應該讓他跌倒了自己爬起來。就像孩

子學騎腳踏車，你放開手，讓他跌倒幾次才能學會。你永遠扶著，他就永遠學不會。**創辦人應該把自己定位為教練，以育才為要務，容許犯錯，把人訓練起來，才能有效傳承。**

適當授權，訓練獨當一面

想要訓練二代或專業經理人獨立，必須要有適當的授權。換句話說，在公司的「核決權限表」當中，必須要有他的位置。

企業創辦人往往把接班人放在特助的位置，但是我個人認為，掛特助其實不太理想，因為特助看似經手公司所有的機要，其實重要的核決都不會經過他，無法真正學會決策。他只是在創辦人的耳朵旁邊，聽得到所有重要事項而已。

在正式接班之前，接班人的歷練，都得被放在某個部門，無論是總務、人資還是新事業部等等，總要讓他有一個位置，有核決權限。在這個職位上，重要事務經他的手，包括核決一部分的預算，讓他有決定權，培養責任感，親身進入經營者決策的情境之中，才能真正學會獨立。

除了放在某個職位以外，也可以考慮不占事業單位（business unit, BU）的職缺，而放在經營服務中心（management service center, MSC）的職務上，以服務的角度出發，來做整合的工作，或處理三不管地帶的事務，可能可以學到更多經驗，也會增進跟幹部的關係。

結論：傳承，需要學會放手

- 不要自我膨脹，每個人都可以被取代。
- 父母從自己的眼光看孩子，總覺得他長不大，要護在手心裡。其實從外人的眼光看來，或許早就可以獨當一面。
- 看幹部也一樣，當他自己出去創業，有完整的決策權，他許多的想法就可以兌現。老闆往往會習慣性地低估了自家人，不可不慎。
- 傳承的時候，建議不要追究太多細節，只需要階段性地檢視成果。
- 創辦人應該把自己定位為教練，以育才為要務，容許犯錯，把人訓練起來，才能有效傳承。

- 想要訓練二代或專業經理人獨立，必須要讓他進入某個部門或主導經營服務中心，授與適當的決策權，在公司的「核決權限表」當中，要有他的位置。

5 授權或交接後，要忍住手癢，快樂傳承

執行長的會議，為何我不講話？

我是友尚的創辦人與董事長，在友尚加入大聯大控股之後，我擔任控股的策略長，經過冗長的爭論之後，產生出集團的新結構，各個子集團的執行長，不再向子集團的董事長報告，而是向控股的執行長報告。友尚的執行長本來向我報告，當然也轉為向控股的執行長報告。

因為我發現，如果友尚執行長既要向我報告，上面又有一位控股執行長，會造成雙頭馬車。所以我決定，從交棒那天起，友尚執行長就完全向控股的執行長負責。而且我身體力行，凡是跟董事長職權不相關的日常會議，屬於執行長的權責，我一概不參加。

我從旁觀察一陣子，發現控股與友尚的執行長，運作得確實也很好。

後來就算大聯大執行長邀請我參加友尚會議，我也不輕易公開發表意見，不在其位，不謀其政。因為我如果發表意見，既得罪友尚的CEO，也得罪大聯大的CEO，還會造成雙頭馬車，又讓我捲入經營決策，沒有好處。

我這樣做，是受到詮鼎集團許銘仁先生的影響，多年前他指定了詮鼎的CEO之後，他就不參加任何與營運相關的會議，由CEO全權處理。多出來的時間，他就投入微熱山丘的經營，非常成功，成為知名品牌。

啟發與迷思

在此的啟發是，企業創辦人如果交棒，就要徹底退出決策圈，以免跟接班人變成雙頭馬車，公司幹部將會無所適從。

更糟糕的情況是，如果經常插手，大家都看著創辦人的意思如何，以他的意見馬首是瞻，接班人的權威就會喪失殆盡。

接班後，交班者常插手，導致派系林立

我在輔導企業的時候，遇到過一個問題。某位企業創辦人已經交棒，卻還經常出席重要會議，插手決策。其實很多時候，他也不是故意的，只是大家問他意見，他就表達一番。

可是結果卻意外地糟糕，因為創辦人都開口了，有時候接班人就算意見不同，也不敢講。或是就算講了，底下的人未必認真聽。

最後，**因為創辦人經常插手，導致公司幹部都在看風向。一派聽接班人的，一派聽創辦人的，還有一些人是騎牆派，派系林立，讓公司的治理一團混亂。**

必要時站台，責罵是建立接班權威的技巧

那麼，交班者交班後，就永遠不要出現最好嗎？也不是，最高明的做法，是在必要的時候出現。

公司創辦人或前任領袖，在幹部心目中是有權威的，只要運用得當，認清自己的角

色，可以在重要會議幫接班人站台，建立他的權威。

最簡單的案例，有家公司的部門主管，對接班人的態度散漫，開會遲到的情況嚴重，KPI也落後。於是公司創辦人有技巧地站台，在公司會議上責罵接班人說：「你接手以後是怎麼回事？開會時，主管有三成都遲到，KPI達成率也不佳，你不好好管一管，這樣下去不行！」

表面上看來，創辦人是在罵接班人，其實是賦予他權力，以創辦人的權威讓他可以大刀闊斧地整頓公司、整頓部門。底下的人一看創辦人都說話了，知道接下來接班人恐怕會拿他們開刀，想必不敢散漫。無形中，也是在建立接班人的權威。

最高明的傳承，面面俱到

在此可以分享一下，交班者傳承時，我覺得最高明的一套心法。首先，不要「經常」插手，原則上不出席日常會議，「必要時」卻可以站台。因為接班人上台會遇到很多阻力，比如老幹部倚老賣老，不聽指揮，即使接班人下達命令，老臣也會覺得不過是「新官上任三把火」，未必服氣。此時交班者適時出現，有助於接班人建立權威。

第二，剛才提過，交班者可能以「責罵」接班人的方式，替他建立權威。這件事可以做得更細膩，比方開會前先把接班人請到小房間，跟他說明：「我等下會責罵你，目的是建立你的權威。」讓接班人心裡有數，不要難過或產生誤解。

必要時可私下溝通及表達意見，但尊重接班者決策

交班者交棒之後，如果有人請他表達意見，造成雙頭馬車，怎麼辦？為了避免這點，我從不公開表達意見。交班者會覺得有必要表達意見，自然是因為他和接班人的意見不一樣，如果一樣，說贊成就好了。然而，就是這個「不一樣」，導致底下的人無所適從。

那麼，該怎麼辦呢？永遠不講話嗎？也未必。有時候你的意見是為公司好，或者很重要，可以找接班人私下溝通、表達，而不是公開講話，造成不良影響。

最後，關鍵的一點是，私下溝通找接班人聊，要把握一個原則，你是提供建議，讓他多一個參考的面向，**而不是強硬左右他的決策，最後他的決定如何，你還是要尊重，**不要再去插手、試圖改變。**建議做好心理建設，現在公司決策者已經是他，結果好壞都**

由他負責，你的心裡才不會有疙瘩。

找到第三人生的目標，就會降低插手的衝動

企業創辦人或領袖要交班，還有個大挑戰，就是不甘寂寞。因為交班後不適合經常插手，只是偶爾站台，時間多出很多。常進公司又不能發表意見，也很尷尬。甚至過去你覺得自己呼風喚雨，現在交班，好像自己不重要了，怎麼辦？

我建議**要找到有意義的事，找到新的目標與興趣，以及人生價值**。一般來說，第一人生是成長與學習，就是從出生、受教育到步入職場；第二人生是成家立業，從開始工作、建立家庭到退休；接下來的第三人生，通常指年齡屆滿六十五歲後，還有餘裕發展新生涯及新生活。

第三人生的面向很廣，無論是爬山、打球、畫畫、書法、旅遊，還是服務社會、對外傳承經營智慧都可以，總之這件事讓你覺得很有意義，很有價值，你自己做得很高興，甚至消化很多時間，自然就能讓你不再插手公司事務。有時候，這類事務還擁有超然的高度，以及社會聲望，不是董總級退休的人，還做不成呢！

將經驗無私分享，對內對外快樂傳承

以我為例，就選擇了分享經營智慧這條路，邀集六十幾位企業家朋友，成立了中華經營智慧分享協會（MISA），並且出書。剛開始想法單純，只是把過去經驗集結成書，寫給自己的孩子看，讓他們學習。後來轉念一想，何不出書造福更多人？於是，我出書、演講、辦協會邀請企業領袖來授課跟輔導，一方面達成自己第三人生的目標，一方面沒有浪費過去的企業經營經驗，對外造福台灣產業，忙得不亦樂乎！

而且回過頭來，我不但把經營智慧集結出書，還拍成影音，又回饋到我的公司大聯大，讓幹部們可以進修。透過這項經驗，**甚至讓大聯大的幹部也把工作經驗拍攝成影音，放上公司內的學習平台，成為全公司的進修學習素材**。保留過去的經驗，讓內部得利，創造更大的效益！

接班人也要體恤，適時讓交班者刷存在感

當然，既然企業創辦人或交班者已經徹底交棒，只是偶爾現身，相對地，我建議接

班人也要顧到長輩的面子，重要的場合讓他講幾句話。

這邊說的重要場合不是跟公司決策有關的會議，而是公司的慶典、頒獎、運動會、公益活動，或是一些對外場合，有貴賓、重要的往來銀行、供應商來拜訪，還是要請交班者坐在旁邊，講幾句話，展現他的重要性。這時候交班者就覺得他有存在感。

接班人要有認知，其實絕大部分的事情已經是你在做，**交班者已經把實權交給你了，你就要更懂得做球給交班者，把功勞與榮耀歸給他，讓他覺得很有面子，彼此相處就會更融洽。**

結論：忍住手癢，快樂傳承

- 創辦人交班後一定要忍住手癢，若經常插手，可能導致公司幹部看風向，派系林立，無所適從，讓公司的治理一團混亂。
- 有時候，交班者可以藉由責罵接班人，賦予他整頓屬下與老幹部的權力。如果事前能跟接班人套好招，那就更理想了。
- 交班者依然可以私下給接班人建議，但必須尊重接班人的決定。要做好心理建設，公司決策者已經是他，結果好壞都由他負責，你的心裡才不會有疙瘩。

- 避免想回公司插手的衝動，我建議交班者要找到新的目標與興趣，以及人生價值。
- 交棒後，傳承經營智慧是個打發時間的好選擇，甚至可以帶著公司幹部一起傳承經驗，創造更大的效益。
- 接班者也要懂得做球，既然交班者已經把實權交下去，更要把功勞與榮耀歸給交班者，讓他覺得很有面子，彼此相處就會更融洽。

6 接不接班猶豫不決，影響心態

接班與否，猶豫不決

我曾經輔導一家公司，每年賺四、五千萬，營運得不錯。創辦人的其中一位孩子正準備接班，我卻發現他表現得猶豫不決。我開門見山問他，他回答說，他的確在猶豫要不要接，因為老爸很愛碎碎唸，「挑剔我這裡做不好、那裡又有缺失，所以我想再做一、兩年看看，不行就算了，大不了自己出去創業。」

我話鋒一轉，跟他說：「我先不和你討論接班的事，給你幾個選項你思考看看。第一個假設，你父親現年七十幾歲，十年後可能八十好幾了，如果身體不太好，不能親自經營，是你哥哥姊姊會回來接，還是你接班？」

「第二個假設，如果一、兩年後你決定不接班，要出去創業，你想過要做哪個產業嗎？希望做什麼？」

兩個假設我都沒有給他答案，引導他自己去思考，跟他說兩、三週後我們再談。三週後我又找他，問他創業的計畫想好了沒？他說，創業很難，做到什麼時候才會賺錢都不知道，現在老爸的公司一年賺四、五千萬，好像也不錯。

我順著他的思路，就說：「既然創業這條路你暫時不考慮，如果公司要找接班人，你的姊姊或哥哥會回來接嗎？」他說，不可能，一個在日本，一個在美國，回來的機會很小。我就跟進說：「那就是你接了，對不對？」他說應該是。

我又問：「那你接班之後，是想把公司賣掉、關掉嗎？」他說不行，一大群老員工跟著老爸三、四十年，有很大的貢獻，公司賣掉或關掉沒辦法交代。

於是我進入結論：「既然你都想清楚了，公司不能收掉，十年後無論如何都是你接班，為何不現在就接班？如果現在決心接班，就應該改變心態，你覺得爸爸在挑剔你，其實是在教你如何接手、如何做事！」從此，這位二代的態度一百八十度大轉變，本來很難溝通，變得樂意接受老爸的「指教」。接班之路，頓時一片光明。

啟發與迷思

在此的啟發是，接班人的心態不同，反應會大不同。如果沒有決心是否接班，聽到交班者的批評指教，很容易發怨言。

但接班人如果想清楚，發現其他出路不可行，或未必比現在好，決心接班，就會產生責任感，即使被罵也覺得是學習。而且交班者會罵接班人，更表示他把接班人當成自己人，傾囊相授。接班人有了這種認知，心態一轉，接班就會順利很多。

創業惟艱，有基礎，發展較容易

不少企業二代遇到接班挫折，會衝動地想要自己創業。其實創業很不容易，要經歷漫長的奮鬥過程，從技術、商業模式的建立到能夠賺錢，往往不只三、五年，而是十年、二十年才能打下好的基礎。

相反地，如果接班，企業二代接手的公司通常已經有十幾、二十年，甚至三、四十年的基礎，在人才、技術、廠房、設備、專利等等，有許多優勢。即使面對一些制度、製程上的問題，只要用心修正與調整，一般而言，還是比白手起家創業來得容易。既然創業都得花那麼長的時間，為何不能專注投入幾年的工夫，把已經有基礎的公司調整體質，轉型邁向新時代呢？

根據我的觀察，沒有創業過的人，往往體會不到創業惟艱，反而覺得接手一家公司很辛苦、很麻煩。其實據統計，**接手一家既有的公司，尤其是營運正常的公司，成功率必然比創業高出許多。**

尊重創辦人的專業

企業的接班人看待交班者，尤其是二代看創辦人老爸，有時候會不適應他的做法，覺得格格不入。我輔導的時候往往會溝通，這是因為創辦人有豐富的經驗，甚至很多失敗經驗的教訓，導致他的做法會有所不同。此時，建議接班人在態度上應該尊重創辦人、交班者的專業。

接班人當然可以表達不一樣的看法，但在表達之前，有沒有認真想過創辦人為什麼這麼做？這些長久累積下來的經驗，是不是有價值？**接班人尊重創辦人的專業，就不會**

貿然對過去的做法提出改變，即使提了，其改進建議也會更加周延。

不要頂撞，說No之前，先說Yes

接班人不應該當Yes Man，唯唯諾諾，盲目地順從；但也不要斷然拒絕，經常頂撞，讓創辦人面子掛不住。我曾遇到一位企業家，跟我一起打高爾夫球，相談甚歡，他就順口交代身邊的二代接班人說：「你也可以學學高爾夫球，是很好的運動，而且很有趣，打球的時候也可以跟老師聊天，學到一些東西。」沒想到這位二代一口就回絕。

其實這是錯的，他只要回說最近比較忙，有空再學就好了。即使他現在真的不想學，也不代表將來不會感興趣，何必當面給老爸難堪呢？**在Yes跟No之間，拿捏合適的回話方式，避免頂撞，說No之前先有技巧地說Yes，可說是維繫良好關係的祕訣。**

權威的面子拉不下來，可以私下溝通

有時候孩子對雙親，在溝通不良的時候，反而比外人更沒禮貌，脾氣很大，這樣很不理想。我會建議接班人，在公司裡對上一代的態度，應該比照對外面的主管。**清楚地在心裡做好設定，回到家以後他們才是父母親，在公司要以上司看待，不定位為親人。**

那麼，要談一些心裡的話，怎麼辦呢？有時創辦人覺得接班人的建議有些道理，可是在公司的場合，有其他幹部在，面子拉不下來，就欲言又止，說不出口。但回到家中想要溝通，又有配偶與其他家人在，事涉公司機密，也不好說。

這時，我會**建議接班人做好安排，在外頭獨立的空間，私下與爸爸或媽媽約會**。透過這種私下的情境，一代創辦人不會覺得權威的面子拉不下來，接班人反而容易反映、表達許多意見。我把這方法教給二代，在許多公司都證明確實有效。比方二代跟老爸聊聊新觀念，例如老爸是建築業，二代就談談綠建築、燈光設計、新材料等等，老爸突然發現原來兒子懂這麼多，就給予更大的授權。

接班者不要過度期待，建議未必會被照單全收

我輔導二代接班的時候，碰過一個情況，有個接班人運用我的方法，跟老爸的溝通品質大為改善。老爸開始信任他，給予授權，讓接班人建立獎金制度、推動公司改革等

等。兩代溝通很愉快，二代接班人也有成就感。

但我發現他有些志得意滿，我就當面打預防針，對他說：「**你現在得到授權，並不代表你所有的建議，你老爸都會照單全收！**你將發現他會修改你的建議，不要沮喪，這是正常過程，千萬不要一氣之下又不提建議了。應該做好心理準備，他只要接受三成就很好了。」

一方面，這代表改革已經開始推動。二方面，**修改往往不是不好，而是創辦人經驗更豐富，為了照顧全局，而非只看局部，才會修改**。接班人可以從中學習，為什麼交班者會這樣改？一定能有許多收穫。

結論：接班心態正確，前途光明

- 接手一家既有的公司，尤其是營運正常的公司，成功率必然比創業高出許多。
- 接班人尊重創辦人的專業，就不會貿然對過去的做法提出改變，即使提了，其改進建議也會更加周延。
- 接班人避免頂撞交班者，說No之前先有技巧地說Yes，可說是維繫良好關係的祕訣。

- 接班人如果對交班者有所建言，建議接班人做好安排，在外頭獨立的空間，私下與交班者約會，更能敞開心胸來談。
- 即使接班人得到授權，不要預期你的建議會被照單全收！反而要從交班者的修改當中學習，更有收穫。

7 交班者學當菩薩，接班者沒事不煩菩薩

老闆行事要像菩薩

老闆管理員工，為什麼要像菩薩？因為菩薩不回應問答題。如果員工習慣不動腦筋，遇到事情總是來問老闆怎麼辦，老闆也屢次回答，員工不會成長。

反之，菩薩不會說話，人們有事去問菩薩，多半是他們碰到什麼疑難，為了解決，已經想出A、B、C的選項，但是不知道哪一個好，才來抽籤或聖筊決定。同樣道理，老闆應要求員工先思考，提出解決問題的選項，他只要回答選擇題就好。

更進一步，可以變成是非題。就是讓員工把A、B、C都分析過，告訴老闆A、B、C案各有哪些缺點、哪些優點，員工考慮完之後，覺得可能C案最好，就告訴老

闆，老闆只要回答贊成或反對即可。

還有一招叫做「否定，再肯定」。我有一位朋友是總工程師，很多工程師送案子給他，他可能沒時間看，也可能看了不是很懂。有時候他會先放著三天，三天以後，底下的工程師去找他，他就會先否定，「這個方案我不知道問題出在哪裡，但我總覺得不太理想，你要不要回去再想想看？」

於是基層工程師把案子抱回去。往往抱回去大約三天後，基層工程師就會回報說：「噢，我想到方法了，我只要加一個電容，就可以把這個問題處理掉了。」這時候，總工程師會肯定他。結果，總工程師先前的不回答，或者否定，都成了屬下解決問題的契機。

啟發與迷思

頭一個故事給我們的啟發是，無論老闆、企業接班者或任何主管，當屬下提出問答題，可一律不回答，要求他們自己先思考。等員工歸納成選擇題或是非題，而且把優缺點講清楚，再來做最後決定。

第二個故事的啟示，則是不要馬上給員工答案，讓他回去再想，搞不好他自己就被激發，想出答案。「否定，再肯定」是個很好用的技巧。

接班者既已被授權，就要有擔當，不用事事請命

我們也可以從另一個角度觀察，有些接班者雖然已獲得企業創辦人授權，但因為不確定自己的決定好不好，總是回去跟創辦人請示。倘若如此，接班者的權力不會長久，很快會被收回。

事事請命，看起來好像很乖、很好，很尊重創辦人，可是反過來說就是沒有擔當、怕擔責任。所以我建議，**接班者獲得授權之後要有擔當，即使可能犯錯，出錯之後，仍可以學到經驗，下次改進就好。**

接班者要勇於創新，沒有規定是No的事就是Yes

有些接班者面對創辦人的態度是，你說可以做的事我才做。這個方式不理想，毫無

主見，等於創辦人說一句才動一下。相反地，我認為比較好的接班心態是，公司沒有規定是No的事就是Yes，勇於創新。

有些事務，接班者會被卡住，看到公司規定，覺得自己好像未被明確授權，但也沒有規定不可以做，就躊躇不前。其實只要沒有明令禁止，身為接班者都可以去嘗試。

尤其是面對新事物，接班者需要編制人員與預算，展開創新測試。為何？因為創辦人或交班者，未必了解新觀念、新技術，舉例來說，當公司要導入AI、數位轉型、網路行銷等，這些都是過去沒有的事物，問了第一代未必有結果，需要新生代跳出來創新。

因此，接班者如果發現新事物的潛力，應該勇於決策，在自己核決預算和人員的權限之內，組建小規模團隊進行測試。如果必要，就簡單向交班者報備一下，以示尊重即可。

接班者碰到困難，要及早向菩薩求救

當接班者接到任務、主持某項專案，如果遇到嚴重問題，要趕快求救。不要因為責任感太重，或為了面子，悶著頭自己做到底。

當你明明知道自己扛不下來，或者問題很大，請趕快跟交班者、老闆求救。及早求救，也許還有機會挽回，如果你硬撐到最後一刻才講，反而會來不及。雖然前面講過老闆像菩薩，沒事不要煩菩薩，但有事還是要及早求他！

用報告案取代請示或討論，達到尊重目的即可

當接班者要做一項決策，經常採用請示案，請示交班者如何做，由對方決定要或不要。這樣做，往往不會順利。另一種是討論案，由眾多幹部討論要不要做，因為人人有意見，也不容易有結論。

其實，報告案最單純，因為**交班者已經授權給接班者，接班者不必回頭請示意見，可以直接決策，然後向交班者報告即可**。所謂報告，就是已經做出了決定，讓對方知道自己打算要這樣做，目前進度如何，下一步打算怎麼走。以報告的形式表示尊重。

如果經營者經常表示還要再想想看，接班者多次請示一直未給明確答案，我也建議接班者可以「強迫中獎」，跟經營者說明Ａ、Ｂ、Ｃ三種選項，你已經選擇Ｃ，請在幾

月幾號以前回覆意見，否則你就要以C來執行。這樣做等於已經報備，也表達了尊重。

當然，有些事情適合採用討論案。但你不能毫無主張，讓大家各抒己見，而是心裡要有幾個選項，甚至分析過優缺點，已有腹案、傾向某個選擇，說服大家接受。除非有特別意見或發現明顯缺失，否則就照這個腹案走，這樣一方面表示了尊重，一方面也避免多頭馬車，議而不決。

交班者要支持創新，並接受失敗的可能性

創新是否會成功？不一定。但沒有創新，就不會有新的機會。接班人提出的創新方案，往往是交班者不熟悉的事物，從他過去的經驗，很可能會下意識地反對。我建議交班者要刻意改變態度，讓他試試看。

如果交班者擔心創新會搞砸，可以設定一個損失金額的上限，或負面影響的底線。這樣的話，即使創新不成功，企業也不會傷筋動骨。以免永遠不敢嘗試，不花錢也不動用資源，卡死所有創新。而在底線之內，交班者也不要介入太多，讓接班人放手去做。

結論：接班者有擔當，交班者要放手

- 接班者獲得授權之後要有擔當，即使可能犯錯，出錯之後，仍可以學到經驗，下次改進就好。
- 接班者如果發現新事物的潛力，應該勇於決策，在自己核決預算和人員的權限之內，組建小規模團隊進行測試。如果必要，可簡單向交班者報備，以示尊重。
- 有擔當不代表僵化，當接班者接到任務、主持某項專案，如果遇到嚴重問題，要趕快求救。
- 當交班者已經授權給接班者，接班者不必回頭事事請示意見，可以直接決策，然後向交班者報告即可。
- 對於創新，如果交班者擔心會搞砸，可以設定一個損失金額的上限，或負面影響的底線。然後，讓接班者放手去做，不要介入。

8 沒事不要煩菩薩，有事及早求菩薩

升遷考評的判斷標準

在升遷的考評會，我經常看到一種情形，我覺得幹部甲君不錯，高階主管卻不把他列入升遷的候選名單。我問高階主管為什麼？他回答說：「我交代甲君一些事，他常常都不照我的方式執行，或是有些事甲君自己就去做，也沒有回來跟我報備一聲。我覺得這個人不尊重主管，不宜升遷。」

還有一種情形像是乙君，往往主動爭取一些任務，執行過程中犯了不少小錯，高階主管就覺得乙君小錯不斷，不考慮將他升遷。

反而是丙君，唯唯諾諾，只有高階主管叫他做的事情才做。執行過程中經常請示主管，主管不批准他就不動。這樣的人，反倒被列入升遷的候選人。

我常常想，那些有擔當，積極任事，覺得自己既然能達成任務就不用回報，只是偶而會犯些小錯的人；跟唯唯諾諾，說一動、做一動，因此從不犯錯的人，到底哪一種比較好呢？

一般而言，我會建議高階主管，把甲君、乙君這類型的幹部納入升遷的考量，通盤考慮其他因素再做決定，而不要一開始就刷掉。最後，果然選出一些勇於任事的優秀幹部予以升遷，經過培育與經驗的累積，後來的表現相當優異。

啟發與迷思

一般主管常見的迷思是，覺得聽話、唯唯諾諾的人才是好幹部，一天到晚回報細節才是尊重主管。我不完全贊成，要看狀況而定。太過聽話，可能是沒有自己的主見。經常回報細節，過猶不及，也可能拉低效率，延誤決策的時機。

我不是完全否定聽話與回報的重要性，只是要提醒，不能因為太重視這些特質，而忽視了有主見、有擔當的人才。

唯唯諾諾是沒擔當的表現，未必是好幹部

有些員工唯唯諾諾，主管沒下令的事情都不敢做，我認為這是一種沒擔當的表現。這種人未來如果升任重要的幹部，可能導致開創性不足。

願意聽從主管的指令，而且適時回報，這當然是優點，但擔任高階主管的人要分清楚，聽話不代表一定要放棄個人主見，如果屬下陷入唯唯諾諾的窠臼，反而不是好幹部。

勇於擔當，雖然犯小錯，仍值得嘉許

相反地，另外一種人，則有較強的主見，有擔當，勇於任事。他們的外在表現可能是主動爭取任務，或是自己想出一些執行的方法，試圖達到目標，但過程中也比較可能犯錯。**我認為，如果是為了達到目標或績效，主動做一些嘗試而犯錯，仍然值得嘉許。這種人，更可能在未來為公司開創新的機會。**

另外，有擔當的人可能比較少向主管回報執行的細節，我認為可以接受，因為他可

以自己把事情做好。難道主管會希望屬下一天到晚煩你，事事問，讓你沒空做其他重要的事嗎?當然不會。**只要設定好核決權限，讓有擔當的幹部不犯大錯，不讓公司傷筋動骨，犯點小錯其實是成長的過程。讓他們有獨立的機會，未來才能獨當一面。**

自己要有執行力，沒事不要煩菩薩

在我的心目中，**好的幹部是自己有執行力的幹部，不妨大膽授權給他，讓他自己去想辦法達成目標。**反過來說，如果我已經授權，底下的幹部還一天到晚來請示，就像信眾沒事就去煩菩薩，菩薩也會煩的。

只要在授權範圍之內，遇到一些小問題，其實幹部自己就可以決定。對上層主管而言，如果能夠放手，既可以培養底下幹部獨立決策的能力，也符合二八法則，讓上層主管能夠專注於最重要的二〇%事務。

已在權限範圍內就不用再請示，避免喪失權力

從另外一面來看，就屬下的立場，也要留意。如果主管已經授權給你，在你權限範圍之內，你還是唯唯諾諾、事事都去請示的話，你已被授權的權力，也會不知不覺地喪失。

道理很簡單，因為你無論大小事都去請示，實際上的表現，就像是你並不擁有這項權力，還是要主管花時間幫你決定。久而久之，如果某一次你沒有請示，主管還可能質疑你：「怎麼你這次不問我了？」**換句話說，就是你原本已被授權的權力，因為你習慣性地請示，反而被限縮了。**

為了增加信任度且尊重上司，獲得及時指導，可定期或同步報備進度

有些部屬，會擔心自己獲得授權就去做，會不會讓主管覺得自己不尊重他？這也有方法解決。**在你的授權範圍內，你固然可以做很多決策，但同時，你也可以定期回報，或在執行時同步向主管報備進度。**

比如一個星期，或一個月定期向主管彙報，讓他知道你在權限內做了哪些事情。如果需要超出權限範圍的協助，也不用等到定期彙報再說，可以直接提出。

定期或同步報備執行進度的好處，一方面是增加上司對你的信任度，比較放心，因為你在做些什麼他都知道，也讓上司感覺備受尊重。另一方面還有個好處是，**如果你把權限以內的工作進度同步回報給上司，雖然是在你的權限內執行，上司仍然可以及時指導，給你建議，同步糾正，讓你免於犯錯。**

不要過度擔當，遇到困難要及時回頭求菩薩

最後要提醒，某些幹部平日表現不錯，很有擔當，將任務一手包辦。然而碰到一些情況，可能他對該任務的認知不足，一知半解，或者執行時遇到困難，事情會不順利。可是他又很想擔當，一直想要自己解決，遲遲不呼救，只管埋頭苦幹。最後發現真的不行了，回過頭去找老闆，往往事態已經惡化到不可收拾的地步，想搶救也來不及了。

因此，雖然說沒事不要求菩薩，但遇到困難，還是要及時回頭求菩薩。**平常任務順利執行的時候，你不必煩老闆或上司，但如果真的遇到困難，解決不了，你也應該趕緊**

跟他們求助。及時回頭，而不是等到問題越滾越大，才忽然丟出爛攤子。

因此，我提出三個層次的概念。首先，**高階主管要當菩薩，意思是適當授權，不要搶著幫屬下解決問題，也不回答問答題**，讓屬下自己想出幾個方案，主管再做決策。**中階幹部沒事不要煩菩薩，意思是不要大小事情都找主管，在權限範圍內可以自己決定的事，就自己決定**。不過有個但書，**有事要及時求菩薩，若真的遇到困難，不要硬撐**。

二代接班，也要避免過度擔當

這些道理經常活用於企業交接班。比方說，二代接班以後，往往覺得自己已經接棒了，什麼問題都應該自己想辦法解決，再回去問一代感覺很沒面子。甚至有時候，二代寧願去問外人，都不肯問老爸老媽，但外人對公司不了解，給的建議也不實際。

其實，**無論是前面談到的過度擔當，或是面子問題，解方都是勇於溝通，及時回頭求菩薩，也就是跟企業一代求救**。他們更有經驗，也有業界人脈，有些時候，說不定二代竭盡全力都克服不了的難關，一代撥幾通電話就解決了。

結論：有擔當，善溝通，自然值得信賴

- 只要設定好核決權限，讓有擔當的幹部不犯大錯，不讓公司傷筋動骨，犯點小錯其實是成長的過程。讓他們有獨立的機會，未來才能獨當一面。
- 好的幹部是自己有執行力的幹部，不妨大膽授權給他，讓他自己去想辦法達成目標。
- 身為部屬，原本已獲授權的權力，因為習慣性地請示，可能反而會被限縮。
- 在你的授權範圍內，你可以做很多決策，但同時，你也可以定期回報，或在執行時同步向主管報備進度，獲得信任、表達尊重，並獲得及時指導。
- 平常任務順利執行的時候，不必煩老闆或上司，但如果真的遇到困難，解決不了，也應該趕緊跟他們求助。
- 二代接班人的情況類似。無論是過度擔當，或是面子問題，解方都是勇於溝通，及時回頭求菩薩，也就是跟企業一代求救。

9 家臣被罵最多，注意嚴以律己的範圍

二代與父親的爭執

一位二代接班人跟我吃飯的時候，聊到他跟爸爸之間的爭執，原因是他覺得，為什麼爸爸對其他同仁都很好，卻對他特別嚴格？他對這點很不服氣。

他觀察，如果別人跟他做出同樣的成果，會被身為老闆的父親誇獎。但是他身為二代，做到類似的程度卻還是被罵。或是他繳交一份報告，會被父親退件，別的同仁做的也差不多，卻都沒有問題。久而久之，他開始迴避跟父親接觸，交什麼文件也都請同仁代勞，逃避他的父親。

我就跟他分享我的故事。原來，雖然經營公司的壓力很大，但做好心理建設之後，

大部分的情形，我都可以對同仁的錯誤放下情緒，心平氣和地溝通，再分享正確的做法。但我太太就提醒我：「不對啊，你對我還是會兇啊！」

我這才領悟到，對自己的家人，反而容易讓老脾氣又冒出來，想做好情緒管理，真的很不簡單。我以這段經歷鼓勵那位二代，或許他的父親跟我一樣，請二代包容父親的行為，原諒他，繼續支持他。後來我也找機會跟那家企業的一代創辦人聊起類似的故事，他也有所調整。最後，聽說他們的父子關係改善很多，接班也漸漸順利。

啟發與迷思

家族企業裡有個常見的迷思，是對外人客氣，對自己人嚴厲。這是一種極端。另一種極端是溺愛孩子，對親人給予太多方便與寬容。兩種極端都會傷害公司營運。

在此的啟發是，經營者對待企業裡的家人，應該跟專業經理人相同，以同樣的標準要求，善用KPI、OKR等，甚至發放紅利的機制也一樣，公司治理才會更健全。

嚴以律己的「己」只包括自己

說來好笑，當我跟太太分享自己經營的心得，說到對同仁的錯誤，我已經練到心平氣和，馬上就被太太指出，可是我對她還是很兇。**這件事提醒我「嚴以律己，寬以待人」，道理是對的，可是需要補充，這個「己」的範圍，只能包括自己，太太、子女、幹部都罵不得！**

回顧我跟屬下的相處，即使想要生氣，我都會替他想一個理由原諒他。比方業務同仁被倒帳，即使我先前已經提醒過好幾次要做客戶查核，財務有疑慮的客戶就不要賣，他還是出貨給這樣的對象，最後被倒帳，當時我真的很生氣。

可是轉念一想，如果我生氣，把他罵得狗血淋頭，他把辭呈遞出來，我再去找一個新業務，要找多久才找得到？接著我就會設身處地為他想，他可能太年輕，為了公司好要衝業績，其實我以前也犯過同樣的錯誤等等，就比較心平氣和。

即使想到我提醒過他七、八次了，火氣又冒上來，我也會再想，也許我在提醒第三次的時候，就應該用命令的方式禁止他賣，可是我一直沒有這樣說，嚴格說來我也有錯。就這樣站在對方立場，說服自己包容對方，並想辦法彌補損失。

那麼，**既然我對外人可以落實這一套思維邏輯，對家人為什麼辦不到呢？家人的關係破壞了，不是比同仁離職還嚴重嗎？**這樣一想，就能避免對家人過度嚴厲，使關係出現裂痕。

在公司是同事關係，以職稱互動，下班才是親戚

在公司，如何避免對家人與其他同仁有「差別待遇」呢？我建議謹守同事關係，以職稱互動，下了班才是親戚。

這點對於一代跟二代是一樣的，**一代把子女跟其他人一視同仁，就不會因為求好心切而太嚴格，或溺愛而太過放鬆。二代把長輩當作長官，也比較不會被親情的角度左右了專業的決策。**

下了班，當然還是親戚，如何稱呼，如何維繫感情，甚至特別照顧等等都沒問題。只是這些關係，都不適合帶進工作中。

教與罵在一線之隔，認清家臣被罵最多的事實

面對二代接班人的挫折感，覺得創辦人很嚴格，自己常常被罵，我也會從以下的觀點，給他們一點鼓勵與心理建設。

教與罵只是一線之隔，創辦人多花時間教你如何經營，本來是好事，是因為器重你才來教你。可是你解讀的方向是他來罵人，就覺得心情很差。如果你轉個角度想，可能他是來關心你、幫助你，只是口氣沒有那麼溫和而已，就會比較釋懷。

另外，接班人也可以這樣想，**皇帝往往會責罵家臣，他不罵的反而是邊緣人。你覺得常常被罵，另一面就是他對你很好，跟你很親近，對你有信賴感，覺得不會罵了兩句你就跑掉，才會如此。接班人不妨往好處想。**

不偏袒，公私分明，勇於建言

我更鼓勵接班人，當你有重要的建議，如果是為了公司好，即使對方是你爸爸，你也要敢講話。如果在公司都用父子、父女、母子、母女關係來互動，會使得明明很好的

建議，礙於不想跟長輩唱反調，就不好意思說出來。如此，對公司反而是不好的。

舉例來說，我的女兒曾在友尚服務，有一次我太太看到一條黑狗在門口，出於同情拿飯給牠吃，後來牠就不走了。我太太想，不如就讓警衛把黑狗養在公司。當時公司四樓還有倉庫，可讓警衛帶條狗巡邏，壯壯聲勢。

太太打定主意，花了三萬元買狗籠，幫狗打預防針、洗澡，準備放在公司養。可是我女兒卻寫電子郵件給我太太，同時寄了副本給我，反對這件事，認為養狗不是警衛的責任。太太認為養狗有巡邏的功能，女兒則認為這不符公司體制，等於替同仁添加額外的工作。兩個人都有道理，我也不能表達意見。如此來回溝通多次，最後決定把狗養在家裡。這個例子，就是二代對於合理的建議，勇於堅持並提出建言。

製造二代建功或協助他人的機會

我對一代創辦人還有一項建議，就是製造二代建功的機會。子女接班，很難在老臣面前得到尊重，因為他過去並沒有戰功。尤其海外留學歸國的二代，對台灣社會與產業環境很陌生，更容易被排擠。

理想的狀況，是為二代安排一個職務，管理某個獨立部門；或像我們提過的，**讓他以經營服務中心（MSC）的角色來執行專案，例如數位轉型、ESG、新事業開發、流程改善、效能提升等專案，並協助老臣所帶領的部門**。如此就讓他有切入點，建立跟老臣溝通的默契，同步累積成功的案例。

然而要留意的是，有些企業讓二代管理新事業部，或是新的子公司，發展新產品等，藉此建立戰功。**可是這些事業是新創，成功率低**，其實需要較有經驗，可以叫得動資源的幹部來帶領，才容易成功。**結果二代在新事業部失敗，不但沒有建功，反而適得其反**。

比較合適的，可能是引進老臣相對不了解的新科技，例如AI等，不但能具體提升公司生產的效能，而且協助現有的部門。將這類型的專案交給二代負責，較為合適。

私下約會溝通，有助於接班

有時候，二代在公司不容易提建言。可是回到家，又有其他家人在，討論公事也不方便，怎麼辦？

我建議二代接班人，私底下邀請爸爸或媽媽，每個月一次在外面的包廂用餐，吃飯之餘再聊一些公事。在一個非公開的場合，反而可以談很多深入的問題。

我曾問一位建築業二代，你有沒有發現你爸爸經常欲言又止，好像有事要請你幫忙，講一半又縮回去？二代說有，常看到爸爸走進我的房間好像有話要說，但沒開口又走了。為何會如此？原來一代要求助，或有困擾想找人談的時候，因為他有權威性，往往不方便開口。此時就要創造一個雙方能敞開心談話的場合，私下約會，促進溝通。

我更建議二代，可以拿一些新的建材或建築界的新觀念到約會場合跟爸爸聊，爸爸無形中會發現兒子的成長，不但營造父子的關係，也讓父親更認識二代的能力，甚至帶入對公司營運有用的新觀念。結果，一代對二代的看法就改觀了，覺得二代還不錯，溝通就順利了。

結論：善待家人，兩代之間更和諧

- 如果老闆對於屬下犯錯，可以想個理由原諒他，心平氣和地指正他，家人的關係更重要，更應該這樣做！

- 企業一代把子女跟其他人一視同仁，就不會陷入極端，太嚴格或太溺愛。二代把長輩當作長官，也比較不會被親情的角度左右了專業的決策。
- 二代覺得常常被罵，另一面就是一代跟你很親近，對你有信賴感才會如此。接班人不妨往好處想。
- 鼓勵接班人，當你有重要的建議，如果是為了公司好，即使對方是長輩，你也要敢講話。
- 一代可為二代製造建功的機會，例如以經營服務中心來執行數位轉型等，並協助老臣的部門，有助於接班。而非讓二代直接主導新事業，成功率低，適得其反。
- 建議二代接班人，私底下邀請一代，定期在外面的包廂用餐，吃飯之餘再聊一些公事。利用非公開的場合，反而可以深入溝通。

第2章

人才布局與組織接力

10 選用育留是接班者的共同課題

我的心路歷程：重視人才與三星的啟發

友尚公司剛起步的時候，所有面試都是「由上往下」，我與吳總經理親自面試。隨著公司規模擴大，我們考慮改用「由下往上」的方式，應徵者經過人資以及各級主管篩選後，再由我與吳總定奪。我與吳總將節省面試所花的大量時間。

正在思考的時候，我碰巧跟韓國三星的主管談到企業用人問題。他提到三星的董事長十分重視人才，特別對於即將擔任重要幹部的同仁，他尤其關注。所以，每當有人員要晉升重要幹部，董事長都會親自面試，甚至帶著一個面相學家在旁，觀察預備晉升者的談吐、面相、性格等。

這位董事長五十歲之後，已經不再需要面相學家，因為面相學的那一套「觀人術」

他已經了然於胸，但他仍持續不懈，親自面試每一位預備晉升的幹部。

這個故事令我們大受感動，於是我們決定維持友尚原本的方式，「最高階主管親自參與面試」。其後，果然得到許多收穫。例如，有些面試者說要幫我拉進老東家的客戶，這類心術不正之輩，我不錄用。另有些人不避諱談到自己不光彩的事，或是誠懇承認過去的錯誤，我評估這樣的人可以用。於是，藉由親身面試，重視人才，友尚最後網羅了不少關鍵幹部，並透過良好的選用育留，讓這些人發揮所長，公司的發展也蒸蒸日上。

啟發與迷思

選用育留是企業主、接班人的共同課題。上述故事的啟發是，首先要選對人，要爭取本質佳、有能力的人才加入公司。然後是用人，要關心這些人才，調整其工作定位，把他們放在適當的位置。

育才部分，要機會教育，授權給幹部，讓他們漸漸獨當一面。最後要留得住人，必須建立有感且公平的激勵制度，以竟全功。環環相扣，缺一不可。

處理人的問題，比處理事的問題更重要

談到選用育留的選才，老闆或接班人常說：「我很忙，沒有時間面試。」這是迷思。沒有聘用好的人才，會讓情況愈來愈糟，你只會一直忙下去。

其實到了主管職以上，每一位的工作都很忙，沒有空閒的。只有優先順序的差別。那順序該怎麼排？答案是，處理「人」的問題，永遠應該優先於解決「事」的問題。因為找到對的人，他自然就能幫老闆或接班人解決事情，時間也就能空出來，做更多策略思考。

重視人才，從重視面試開始

身為接班人，必須重視面試。我強調幾個重點，包括：面試的時間要優先排，以免錯過優秀人才。保留足夠的時間面試，才能看清應徵者。甚至低階職務的面試也不能輕忽，因為低階的人過幾年可能成為重要幹部，一開始選對人，未來可節省更多時間。

面試的時候，我建議花心思了解應徵者的本質，需要用心揣摩，不僅要了解應徵者

的背景、經驗、相關知識，還要觀察他的人品、脾氣、EQ、反應能力、熱心、責任心、團隊精神等本質。此外，如業務人員需要個性外向、具備表達能力、邏輯能力；研發人員需要坐得住；會計人員要細心等，都屬於本質面。

為何要透過面試觀察應徵者的本質？因為任何專業知識，公司都有許多人可以傳授，某些職務甚至可以讓員工在做中學，天天接觸，很快就能學會。本質卻不然，正所謂江山易改，本性難移。

關心人才，從心談開始

選才之後，關鍵是如何用人。如果我們把面試這一關做得很好，內部人才的本質是對的，他們就是公司最重要的資源。因此，**接班人應經常跟內部同仁「心談」，進一步了解他們，同時噓寒問暖，照顧屬下的需要，調整屬下的工作定位。**

我建議，經過心談與深入了解後，對於一份新的重要職缺，你發現內部同仁的功力已達七〇％，而且工作心態也不錯，公司應該勇於拔擢，讓他在較高的職位上累積經驗，繼續成長。這樣做，團隊的士氣會更高，你也更確定所拔擢的人才，本質上是合適的。從各種面向看來，都優於對外挖角。

選對人才，還要機會教育，適當授權

即使選對人才，還要留意，時時在屬下工作的情境進行機會教育，效果最好，這就是選用育留的育才面。機會教育的優點很多，首先，因為事情發生在屬下身上，跟他切身的業績或績效有關，讓他有動機認真學。其次，**機會教育有「現學現賣」的特性，屬下學到的訣竅馬上就能在實際的情境中練習並修正，因此印象最為深刻。**

接著，是根據屬下的能力，安排適當的舞台。**接班人或主管且要做適當的授權，只掌握二〇%最重要的事件，其餘讓同仁自行設法處理**，累積經驗。最後，允許屬下犯錯，走過學習曲線的歷程，給屬下機會與時間去做，做錯了再發回修正。每次修正都是機會教育，讓屬下每次進步一點點，直到他能夠獨當一面。如此，才能夠把本質對的人，培養成真正對公司大有貢獻的人才。

不排除用專業經理人制度，彌補接班人的不足

針對接班，還有一個重要的提醒，就是接班人的能力未必能涵蓋所有專業領域。舉例來說，即使接班人從海外學成歸國，所念的科系未必跟家族企業的產線、技術息息相關，比方他是學管理的，對研發、製造、業務等領域就不專精。因此，必須引進專業經理人制度，彌補接班人的不足。

這點又跟前面所述相關，選用育留的每一環都不能偏廢。不重視選才，自然請不到好的經理人。創辦人或二代接班人不關注育才，也無法培養同仁成為好的經理人。或者留才做得不好，人家不留下來，也是枉然。

同時，**接班人也要調整心態，如果自身能力不足，不要勉強去接某個位置，該用專業經理人就要用，不要企圖自己一手包辦，太過勉強，很容易導致公司營運不善。**

此時，接班人的自我定位可以轉為支持者與授權者，幫專業經理人站台，授權給他。如果不放權，專業經理人必須事事請示，而接班人自己又是外行，恐怕會產生許多衝突，效率不彰，經理人也待不下去。

去除本位主義，內舉不避親，更要重視外部人才

在家族企業中，用人必須去除本位主義。我先談一種情況，就是家族中有不錯的人才，例如接班人的堂兄弟很優秀，可是接班人不敢用，可能是擔心家族裡的其他人會講話，或是讓外人覺得自己都用家裡人。此時，**我建議內舉不避親，任人唯才，真正有能力的人應該大膽用，不要在意旁人的閒言閒語**。何況自己的家人往往比外部人才「黏著度」更高，不會輕易離職，也是一大優勢。

但要留意，**我談的「內舉不避親」，前提是那位親人確實是人才**。接班人心中要有一把尺，不能為自家親人隨意提高印象分數，再以內舉不避親為藉口來任用，最後造成企業競爭力下滑。

第二種情況，當然是要重視外部人才。尤其在併購的時候，接班人往往覺得併購進來的公司幹部是「後來者」，可能偏愛自己公司原本的員工，覺得他們比較好。其實，**不管是自家親戚還是外人，公司的老幹部或被併購公司的新員工，大家都是企業的一分子，應該以能力決定任務、授權、晉升，而非差別待遇。**

結論：選用育留，影響企業經營與接班

- 透過面試觀察應徵者的本質非常關鍵，因為專業知識有許多人可以傳授，甚至可以在做中學。本質卻不然，正所謂江山易改，本性難移。
- 接班人應經常跟內部同仁心談，進一步了解他們，同時照顧屬下的需要，調整屬下的工作定位，用人唯才。
- 身為接班人或主管，平時就要在屬下工作的情境進行機會教育。因為機會教育有「現學現賣」的特性，屬下學到的訣竅馬上就能在實際情境中練習並修正，印象最為深刻。
- 接班人要調整心態，如果自身能力不足，不要勉強去接某個位置，該用專業經理人就要用。
- 說到留才，首重制度公平。不管是自家親戚還是外人，公司的老幹部或被併購公司的新員工，大家都是企業的一分子，應該以能力決定任務、授權、晉升，而非差別待遇。

11 選對人才，積極培養接班人、專業經理人

風雲會設置多位副會長，重用併購進來的人才

我參加企業家組成的風雲會，一開始也沒什麼組織，後來隨著會務需要選我當第二屆會長，我就請大家推選幾位副會長，包括比較年長的資深副會長，還有較年輕世代的副會長，有層次地安排，如果會長要交棒出去，自然有資深副會長接任。

換句話說，我在剛擔任會長的時候，就已經考慮接班人問題，選出熱心、有意願、有資格也有能力的資深副會長，參與重要的會議與事務，作為將來可能的會長人選。甚至，我連未來幾屆的接班人都事先布局，當然不必事先排序，到時候自然而然就會從中產生新會長，而不會發生斷層。後來幾任的會長交接都非常順利。

另一個故事跟人才有關。友尚很重視併購策略，併購之後，當然公司裡既有的幹部，會跟被併購公司的幹部同時存在。如果沒有設計公平的機制，通常老闆會重用原公司跟著自己比較久的幹部，覺得他們才是左右手。至於被併購公司的幹部，老闆則會感覺他們是新人，升遷較慢。其實，我覺得有更好的做法。

以我來講，併購之後，有時我會更照顧那些被併購公司的員工，甚至把其中的核心幹部升任母公司的要職，例如擔任副執行長。為什麼？因為口頭上講重視併購進來的員工，說大家一律平等，是沒有用的，必須要以行動來證明。把幹部升任要職就是一個很好的宣示，被併購公司的員工也會有感，相信老闆講的都是真的。

當然，對於這些要職的任命，友尚還是有公正的機制，以工作績效等指標為依歸，而非任意拔擢。如此，新進人才也會服氣，融入成為團隊的一員，甚至成為集團未來的重要經理人。

啟發與迷思

這一篇的啟發，首先是要選對人才，提早布局，把後面幾任的接班人都有層次地安排妥當，及早訓練並培養其能力。當然如果要做到這點，必須擴大人才庫。

透過併購，一口氣買下優秀公司的團隊，往往是吸收人才迅速又有效的方法。此時如果陷入迷思，只重用原公司的老員工，就失去了藉併購網羅優秀人才的效果。相反地，若有公正的升遷機制，就能讓人才為你所用。

人為企業之本，也是交接班成功的關鍵

沒有人才，企業不會成功。在交接班的時候，即使已經從子女中選定一人接班，卻不能只靠這一個人。**選對接班人只是成功的一半，另外一半，不能光靠一、兩個人，而是靠團隊。**

因此，交班者需要與接班者討論，建立未來的經營團隊。若接班者有能力，可自己組建班底，當然也需要善用公司既有的幹部。關鍵在於，**不是選定一人接班就沒事了，而是要讓團隊成員都願意跟著接班者打拚，才會成功。**

具體的做法，就是刻意設定一些場合，例如藉由經營服務中心（MSC），把接班者跟經營團隊的幹部拉在一塊兒，平常就一起共事。如此，接班者就能慢慢培養他的人

馬，與幹部們建立關係，而非孤軍奮戰。

重用專業經理人，適當授權

交接班的時候，無論你是交班者還是接班人，都要重用專業經理人，適當授權，而非大權一把抓。一把抓的缺點很明顯，首先底下的人不會長大，因為沒有權力，自然唯唯諾諾，凡事問老闆，老闆也會疲於奔命。

所謂授權，就是適當地切割權力，設定核決權限表。當然有時候企業主會發現，專業經理人沒辦法像交班者或接班者那麼認真、那麼拚，**我建議需要先做好心理建設，降低期望值，也不要因噎廢食，凡事都不授權**。

授權之後也可能遇到屬下犯錯，這是必須忍受的成長過程，我建議抓大放小，只要授權範圍不要太大，犯錯的影響有限，反而成為屬下歷練的機會，最終讓他成為重要的專業經理人。**適當授權，降低期望值，容許屬下在學習曲線中的錯誤，是養成專業經理人的關鍵**。

內舉不避親

在企業交接班，建立團隊的時候，無論底下幹部與交班者、接班者私人關係的親疏遠近，都要公正地評價，唯才是用。

如果親人確實有能力，是公司裡大家公認的人才，我覺得內舉不避親。當然，能力強弱的評價並非易事，尤其還沒真正接手重大任務以前，很難看得出來。此時就要綜合評估，**若是能力都差不多，至少內舉的人跟老闆的配合度好，此時可考慮內舉不避親。只要能力不離譜，自己人更好用。**

不勉強用親人或自己人馬

但也要注意，不要勉強任用親人，假如能力、學經歷明顯不夠，反而會給公司幹部不好的印象，認為老闆只願意重用自家人。

除了親人之外，值得討論的是，老闆是否偏愛用自己的人馬？一般而言，跟在老闆身邊越久的人，往往被視為老闆人馬。被併購公司的幹部，則可能被邊緣化。

為解決這個問題，我的做法是調整心態。**我認為，只要併購進來，或是我延聘進來的人，就是公司的人馬，也不會太在意他跟了自己多少年。**如此公司的用人就會比較靈活，即使剛併購進來的公司幹部，只進來半年或一年，但我覺得他是人才，就能出任要職，甚至不只是子公司的要職，而是到母公司擔任更重要的職位。

因此，**不管是血緣上的親人，或是跟了你許久的老臣，若能力上不如新進的幹部適任，就應該大膽啟用新人，不要被血緣或年資綁住了你的決策。**

持續培養各階層，建立完整的接班梯隊才可交班

所謂交接班，不是只有創辦人交給接班者，要有組織分層，建立接班梯隊的概念。比方說，副理以上是經理，經理以上是處長，處長之上有協理，每家公司可能有不同體制。但無論如何，這些部門都要部署接班梯隊。**面試新進人才，培育內部同仁晉升，都要考慮各部門、各層級主管接班的需求。交班者在位時，做這件事相對容易，可提早幫接班者布局。**

年齡也是一項考慮因素，比方友尚在面試的時候，都會注意對方是幾年次。以十年

為一個世代，假設現在公司的經理級幹部都是某個世代，往下找人最好是年紀小五年或十年，未來可望接經理職，以免同一世代的幹部同時屆齡退休，或年紀大了身體不好，這時才發現第二層無人接班。因此，友尚從面試開始就留意接班梯隊的布局，把人才按年齡與職級概略分為三層，有缺可以適時補上，以避免人才斷層。**據我的經驗，當有需求產生，同部門的第二層拉到第一層接任主管，通常能夠勝任，往往比空降好。**

設遴選接班人的基本條件，提早具備該有的能力，避免爭議

當然，**每一個階層的接班人，不是年資到了就能接主管職，必須要滿足基本條件。**例如具備什麼樣的學歷、經歷，做到什麼樣的績效，或經過哪些訓練，取得證照等等。

這些基本條件都事先公告，想要升遷的人就得設法提升自己。這樣做，也能避免爭議，如果達不到基本條件，無論是誰的兒子或跟誰有關係，都不列入升遷考慮。前面提到家族裡的人或專業經理人能力孰強，不易評估的問題，某種程度上也能藉由設定條件來解決，某些職務至少要達到基本條件，才能升任，大家都沒話講。

結論：交接班的人才培育策略

- 選對接班人只是成功的一半，另外一半，不能光靠一、兩個人，而是靠團隊。
- 適當授權，降低期望值，容許屬下在學習曲線中的錯誤，是養成專業經理人的關鍵。
- 若是能力都差不多，至少內舉的人跟老闆的配合度好，此時可考慮內舉不避親。只要能力不離譜，自己人更好用。
- 但反過來說，不管是血緣上的親人，或是跟了你許久的老臣，若能力上不如新進的幹部適任，就應該大膽啟用新人，不要被血緣或年資綁住了你的決策。
- 面試新進人才，培育內部同仁晉升，都要考慮各部門、各層級主管接班的需求。交班者在位時，做這件事相對容易，可提早幫接班者布局。
- 當有需求產生，同部門的第二層拉到第一層接任主管，通常能夠勝任，往往比空降好。
- 每一個階層的接班人，不是年資到了就能接主管職，必須要滿足基本條件。條件可事先公告，以防止爭議。

12 設好激勵制度，接班者與同仁才會拚

接班者的心聲

有一次我跟某位企業一代創辦人吃飯，席間他聊到該怎麼做，才能讓二代與同仁更有拚勁？

因為我跟二代接班者談過，了解他們的心聲，就說這跟制度有關。原來，不只一位企業二代跟我抱怨過，他們接班，拚得要死要活，日夜辛勞，可是分息的時候，卻跟其他沒有投入家族事業的兄弟姊妹分得一樣多，這公平嗎？久而久之，衝勁難免被消磨殆盡。

有時我也聽到，企業二代跟一代有相同的困擾，就是埋怨為何同仁、幹部相對懶

惰、不積極，為什麼不肯跟他們一起拚？

我總結下來，跟企業一代分享，這跟激勵制度的關係，密不可分！除了家族成員分息，也要讓實際投入營運的人分紅，工作表現優異者拿得更多，才能激發動力。對公司同仁與幹部也要提供有感的激勵制度，才能帶動士氣！

啟發與迷思

這個故事啟發我們，制度不能違反人的天性，否則會失效。激勵的本質是利益，該給的就要給。精神面的驅動力當然重要，可能包括升遷、職位、表揚、獎牌等，甚至老闆的授權也是一種鼓舞。但沒有經濟面的激勵做後盾，是不能長久的。

另一個啟發是避免假公平。以前述故事為例，看似所有家族成員分得一樣多，卻沒有按才授職，依照每個人對公司的貢獻給出獎勵，反而會有反效果。

激勵制度是工作動力的來源

激勵制度直接影響工作動力，物質與精神面必須要並重。

假設一個情況，一位員工其實對公司很滿意，公司給的職位頭銜不低，他跟老闆、主管們相處愉快，主管給予充分授權，學習環境也很好，工作內容也符合他的長處。從精神面看，他很願意跟公司一起打拚。可是，公司給他物質面的薪資或獎勵，相對業界標準偏低的話，會發生什麼事？

要知道每個人都有家人，很可能這位員工自己願意留在公司，但他的家人因為經濟因素，對公司產生不滿，給他壓力，這位優秀員工就會離職。

一般來說，如果差距在二〇％以內，還有可能因為情感因素留在公司。超過二〇％，因為家人或同儕比較的壓力，難免蠢蠢欲動。

不公平的激勵會有反效果，激勵應與ＫＰＩ連動

再者，**激勵制度必須公平，且有章法，與ＫＰＩ連動**。有些企業領袖的激勵缺乏

標準化的管理，看心情發放，有時候給、有時候不給，很容易引發爭議。這種情形下，分紅或發放獎金，甚至比不分還不好，因為沒有制度，反而讓屬下互相猜忌。這就是不患寡而患不均。

舉例來說，某員工領到五萬元紅利，本來應該很開心，結果看到他的同事跟他年資相仿、業績差不多，卻領了七萬元，他的心裡就不平衡，覺得不公平，反而傷害他對公司的觀感。但如果公司早已公布一套獎勵制度，照KPI衡量，大家就沒話講。

很多企業經營者發放獎金或紅利，都是黑箱作業，自由心證。而且他們都覺得自己發得很公平，很有道理。他們會告訴你，自己看到某人經常加班；某人家裡很辛苦；某位老臣跟了他很久，沒有功勞也有苦勞等等。可是他們沒想到，這樣由領導人心證的方式，就大多數的員工而言，感覺就是不公平。因為這些理由都無法標準化，結果就讓激勵產生反效果。

獎金要領得到才有激勵效果

企業經營者在訂定KPI與激勵制度的時候，還要注意一點：目標不能不切實

際。有時候把ＫＰＩ設得非常高，就像高掛天空的月亮，員工一看就覺得根本不可能達成，反正怎麼做都領不到獎金，就會乾脆躺平，失去奮鬥的動力。

還有一種情形，就是年初訂了ＫＰＩ，結果該年度業績大好，老闆怕發太多獎金，就把ＫＰＩ中途提高，讓很多人領不到，這也會傷害員工對公司的信賴。

我建議老闆們要有一個觀念，給員工獎金並不是施捨，**正確的觀念應該是，員工利用公司平台，創造出額外的利潤，一大部分給老闆與股東，一部分由員工拿走，**這樣員工會更努力超額完成業績，員工領得越多，老闆也賺越多、越高興。**相反地，如果經營者吝嗇不願意給獎勵，讓員工不肯拚，公司反而會賺得更少。**

激勵面面俱到，後勤也要照顧到

分配獎金的時候，許多公司會讓前端業務人員有獎金，後勤人員包括財會、法務、採購、研發、設計、生產等可能被忽略，沒有適用的獎勵機制。可是業績很好、出貨出得很多的時候，其實所有部門的人都在忙，財會要處理更多單據，採購要買進更多料件，研發要更多投入，生產要加班趕進度，物流也要做更多事。當業績大好，只有業務人員有獎金，是不公平的。

當然這點牽涉到公司薪資結構的設計，比如業務是低底薪、高獎金，其他部門底薪較高，當然業務的業績獎金會比較高。但即使如此，基本概念仍然不變，就是**設計激勵制度的時候，各部門都要有獎金，不能忽略掉後勤部門。後勤部門的獎金可以略低，但不宜為零。**

只有一項獎勵制度，無法達到公平

不少公司的獎勵制度只有一項，就是訂立業績目標，依照達成率發獎金，這樣做會不公平。比方某人負責大客戶，去年業績是一億，今年要成長一〇%，就得成長一千萬，並不簡單。另一個新成立的部門，某人去年業績一百萬，今年只要做到兩百萬，達成率就是二〇〇%，看似很高，可是實質業績提升只有一百萬而已。這種情況，就是達成率與貢獻度的失衡。

另一個情況是，前任業務離職，後繼者接手前任的客戶，看起來業績成長很多，其實出自於他本身的貢獻不多。相對地，另一位業務新開發許多客戶，實質貢獻度就高。

如果單單照達成率去算，顯然不公。

如何解決？需要設計多項不同標準的獎勵制度，除了業績達成率的獎金，可能還要有業績成長獎金、新客戶開發獎金、新產品銷售獎金，甚至有庫存管理獎金、貢獻度獎金，或其他管理績效獎金等。

換句話說，**獎金的總額還是按照總業績、總盈餘的某一個百分比來計算，但是分配的時候，有多項不同機制，某一項可能對某部門比較有利，但另一項又平衡回來，就讓整體激勵機制趨於公平。**

如果想要參考更完整的獎金制度設計方式，可以參考筆者的另一本著作《商學院沒教的30堂創業課》第一六四至一七六頁。

不同層級需要不同的激勵制度

對於公司內的不同層級員工，我建議基本上可以分成三個層次來設計激勵制度：第**一層是基層員工，適合用各項ＫＰＩ績效獎金，按月或季發放。第二層是重要幹部，以公司年度盈餘為基礎，提出適當比率當紅利發放。第三層是核心高階主管，包括經營**

者在內，適合透過實際入股，或成為虛擬乾股股東的方式來激勵。

每一層員工都很重要，必須統統照顧到，制度才能更健全、公平，讓員工願意付出，全力為公司打拚。

虛擬乾股，或稱經營股權獎金的獎勵機制

所謂虛擬乾股，我稱之為「經營股權獎金」，就是向大股東及董事會爭取適當比率的虛擬股票。員工分配到的認購權證就是虛擬的股票，分年賣回給公司，賣回虛擬股票所得到的價差是紅利，也是獎金的一部分。賣回的價格跟每股盈餘（EPS）連動，也就是公司越賺錢，員工得到的越多。

在家族企業的傳承中，也可以活用這項機制，讓實際投入營運的家人、接班者，或管理階層的幹部藉「經營股權獎金」得到激勵，做事的人領得多，制度更合理。詳細制度設計與優點，同樣可參考《商學院沒教的30堂創業課》第一七七至一八二頁。當然，有實際參與經營的接班者，才能有這份乾股的分配權，沒參與經營的家族成員就沒有。

結論：激勵制度完善，員工全心打拚

- 激勵制度直接影響工作動力，物質與精神面必須要並重。
- 激勵制度必須公平，且有章法，與KPI連動。
- 激勵制度不能不切實際，讓獎金看得到、領不到。老闆也不能因為擔心發太多獎金，在年度中擅自更改制度或KPI目標。
- 設計激勵制度的時候，各部門都要有獎金，不能忽略掉後勤部門。
- 獎金的總額是按照總業績、總盈餘來計算，但是分配的時候，應有多項不同機制加以平衡，讓整體激勵機制趨於公平。
- 對公司的基層員工、重要幹部、核心高階主管，應該設計不同的激勵制度，達到最佳的激勵效果。
- 在家族企業的傳承中，可以讓實際投入營運的家人藉「經營股權獎金」得到激勵，做事的人領得多，制度更合理。

13 設計好接班人與專業經理人的留才制度

參股與激勵，激發人才動力

友尚有兩位創辦人，公司未上市以前，就已經會給主要幹部乾股，雖然沒有真正的股權，卻藉由公司內規，把這些幹部視同股東，每年從盈餘中分出一定比例的現金發給他們。

友尚要上市的時候，根據規定要分散股權，拿出三〇%的股權分散給員工或是外部股東，我和另一位創辦人就想，藉此機會，邀請主要幹部拿錢出來認股，成為真正的公司股東，以後也會更努力。沒有想到，我們以當時友尚股票的淨值十九元釋股給幹部，居然沒有人敢認股！

原來，當時包括我在內，公司內沒有人有上市櫃的經驗，不了解資本市場的運作，對於上市之後股票能賣多少錢，大家都沒概念。這時我才了解到幹部們對於認股的擔憂，因為沒操作過，非常陌生，也不知道拿錢出來認股，後來會不會賠錢？要是手上資金不夠，需要邀請家裡的親人來投資，更有許多顧慮。

後來我跟另一位創辦人就決定，既然本意是要激勵核心幹部，讓他們在公司上市後成為真正的股東，在公司工作會更認真，乾脆由創辦人借錢給幹部認股，並保證要是未來公司股票不分息，他們就不用還。如此一來，幹部踴躍認股，雖然是跟我們借錢來入股的，可是既然他們擁有股權，人事就穩定，工作動力也很強，往往把公司的事當作自己的事。

我和另一位創辦人也沒有損失，因為公司發展不錯，股價漲了，每年都會分息，同仁很快把借款都還給我們了。也因為如此，這些幹部都有資本利得及分息，就有能力買房、買車，照顧到員工，讓友尚成為幸福企業。甚至老幹部退休了，日子都過得很不錯。

啟發與迷思

這個經歷給我的啟發是，首先，如果當時我們不捨得把錢借給幹部，鼓勵他們認股，最後公司上市，這些主要幹部就不可能從中獲利，對公司的向心力也不會那麼強。

延伸的意義，就是公司設計完善的激勵制度，可有效增加同仁動力，讓人才發展穩定，向心力強。

留才要精神面及實質面並重

一般而言，設計留才制度有兩個層面，精神面與實質面。精神面包括職位與授權，平日的心談與關係，員工表現優秀時的表揚，或是送員工出去接受培訓等等，這些讓員工感覺「被重視」的舉動，讓他有榮譽感，覺得付出有得到誇獎，都屬於精神面的留才。

但是精神面做得再好，如果經濟面沒有滿足他，例如薪水比起他的同行、同學、親戚朋友平均少五〇%，此時，即使他覺得對公司很有感情，老闆做人很不錯，很照顧他，仍可能因為薪水就掛冠求去。

即使員工本身不計較，或者較看重精神面的激勵，願意留下來，其配偶、家人卻可能給他壓力，讓他離職。因此**實質面不能差太遠，薪資差一〇%至二〇%，或許還能以**

情感因素或精神面的優勢留人，再多就不行了。此時，必須調整待遇水準，或者更大方地發紅利，才能留住人才。

核心與重要幹部、基層人員，面面俱到才是好的激勵制度

前面的故事中，說到我借錢給幹部讓他們入股，作為激勵。但激勵制度不只如此，**對於核心幹部、重要幹部、基層員工要設計不同的激勵方式，缺一不可。**

以友尚為例，分為三層。基層人員發績效獎金，每一季會領到，根據其績效決定獎金多寡。重要幹部不只有每季績效獎金，還有一筆紅利，年度結算時，公司從盈餘中撥出一定比例發放給他們。

更重要的少數幾名核心幹部，像是老闆的左右手，或事業部的主管，就要設計乾股制度，比方「經營股權獎金」，就像虛擬股票，可以根據公司每股盈餘（EPS）的高低兌現成現金。當然，還有一個方式，就是讓他們實際入股。

接班人列為核心幹部，但獎金不超過總獎金的三分之一

有些企業，二代子女們分到的股權都是一樣的，接班人的心裡會不舒服。原來，他在公司拚得要死要活，卻跟那些沒有實際接班、當快樂股東的兄弟姊妹、堂兄弟姊妹等，分到一樣的股息。雖然他有薪水，可是如果他不接班，去別處上班或許更輕鬆，也會有薪水啊。久而久之，自然覺得不公平。

如何解決這項衝突？首先，我們**定義出「核心幹部」的範圍，包括：接創辦人位置的接班人，與所有參與營運的二代，以及專業經理人。**

這些核心幹部，可以照公司的制度獲得前述的「經營股權獎金」，這一份獎金是未參與經營者無法得到的。不過，無論接創辦人位置的接班人表現再優秀，我個人認為他領的獎金不宜超過總獎金的三分之一，才能**以其餘的三分之二照顧到公司其他幹部，甚至能用經營股權獎金挖角到更優秀的人才**。

另一種設計制度的方法，則是把接班人獎金另外編列，不直接影響核心幹部的經營股權獎金，效果也類似。

三七分潤有平衡道理

那麼，激勵制度要分多少出去呢？**我個人覺得三七分是平衡的，稅後盈餘的三〇%，意即稅前二四%給員工，而非一面倒向股東，因為努力打拚的畢竟是員工。**然而，股東還是分到七〇%，因為他們才是出資者。**我個人認為，給獎金不是一種施捨。公司是一個平台，員工藉此平台賺到盈餘，多數分給出資的老闆與股東，少數分給員工。因此員工拿到的獎金越多，老闆應該越高興，而不會心疼。**

當然，視企業規模與營運狀況，也不見得一律拿出三〇%發獎金。比方很賺錢的大型企業，也許拿出盈餘的一〇%作為獎勵，就非常充裕。不太賺錢的企業就算拿出四〇%，員工還是不痛不癢。當然，也有盈餘不錯的企業，老闆願意拿出四〇%以上的盈餘給員工，強化激勵的效果。

根據企業規模、各層次幹部與員工的人數，企業主可以斟酌安排激勵獎金的分配比例，讓員工有感。至於多少算是有感呢？**我個人覺得每年獎金應達到年薪的一五%、二〇%或以上，才會有感。**當然，公司經營績效不佳時也可能酌減。

核心幹部有實際參股，增加動力及定著力

核心幹部如果有資金，讓他們認購公司股權，實際參股，是很好的，會讓他們覺得公司是自己的，發展得好，自己的股權也會更值錢，相對產生更強的工作動力。

至於有些核心幹部缺乏資金，無法入股，我則建議利用乾股、經營股權獎金等方式，跟每股盈餘連動，換算出他應得的獎勵。因為**公司的每股盈餘越好，核心幹部拿到的獎金越多，可讓他積極任事，他對公司的定著力也會更強**。（詳見《商學院沒教的30堂創業課》一書，第一六四至一八二頁。）

新投資或分拆的新公司，設計幹部入股機制

有時候，母公司發展已經多年，股本很大，股價也高。此時，企業主想在母公司增資，讓核心幹部參與認股，他們未必有足夠的資金。或者即使投資，占的股權也很少，沒有什麼分量，跟小股東在股票市場買股，沒什麼兩樣。

此時可反過來做，對於母公司新投資的公司，或是母公司的事業部後來分拆（spin

off）成立的新公司，可以讓核心幹部進來入股，因為是原始股，幹部較容易以有限的資金參與，後期的資本利得也會比較大。**當核心幹部參與新公司，因為股本小，認股容易，持股不少，就好像是自己在創業一樣，也會投入更多的心力**。這是一舉兩得的方式，藉由核心幹部加入新公司，擺平了關鍵人（keyman）位置，各司其所，又助長了新公司的發展。

結論：交接班的人才培育策略

- 提醒接班人，對員工而言，精神面的激勵需要有，但實質面也很重要。跟外部同儕薪資落差超過二〇％的話，很難留住人。
- 對於核心幹部、重要幹部、基層員工要設計不同的激勵方式，缺一不可。
- 「核心幹部」的範圍，包括：接創辦人位置的接班人，與所有參與營運的二代，以及專業經理人。這些核心幹部，可以照公司的制度獲得「經營股權獎金」。
- 接創辦人位置的接班人，最多拿走三分之一的獎金，其餘還是要分給員工，才能激勵其他幹部，或因為經營股權獎金，挖角到更優秀的人才。

- 可考慮撥出盈餘的三〇%給員工當獎勵，而非一面倒向股東，每年獎金應達到年薪的一五%、二〇%或以上，才會有感。
- 核心幹部入股，或以「經營股權獎金」讓獎金跟公司每股盈餘連動，都能提升幹部動力，對公司的定著力更強。
- 當核心幹部參與新公司，因為股本小，認股容易，持股不少，就好像是自己在創業一樣，也會投入更多的心力。

14 善用子公司職務，處理面子與裡子問題

二代接班，大家族的煩惱

我輔導二代接班，碰到許多共通的問題。其中之一，是企業一代創辦人有許多兄弟姊妹，現在輪到二代的子女來接班，可是這些叔叔伯伯、姑姑阿姨都在企業內任職，二代就必須要面對他們。有時這些長輩的人數不少，甚至很難纏，怎麼辦？

據我觀察，這些家族企業大部分在國內與海外都有不少投資，二代接班時，安排人事往往很困擾，因為爭取位置的人，許多都是親戚，有感情上的羈絆。隨著個性不同，大部分親戚也許對接班者的安排隨遇而安，可是少數人卻意見很多，令人頭痛。

我輔導企業二代接班時，就碰過這類案例，我就請二代把組織圖畫出來，包括母公

司的各項職位，也包括子公司，可能位於台灣、越南、泰國、中國大陸等地。我請他把重要職位由誰負責都寫上，結果發現某些子公司的負責人其實是人頭，此外，大部分是掛創辦人或夫人的名字，其實沒有專責的負責人，也不曾做過妥善的授權。

有了這個前提，我就建議二代，不妨請難纏或有能力的長輩到子公司擔任董事長。二代馬上擔心地問，讓難纏長輩當董事長，不是權力很大嗎？我就告訴他，其實這跟核決權限的設定有關，實務上的決策多半在總經理層級就決定了，董事長核決的事項並不多，不礙事，但好處是這位長輩就任之後，畢竟是堂堂的董事長，心情也好得多，覺得自己的面子受到了照顧。從此，二代就擺平了家族中難纏的長輩。

啟發與迷思

故事中的啟發，是家族成員如果爭位，二代接班者不用拘泥於在總公司分配職位，一方面很局限，另一方面也擔心沒有任人唯才，會影響企業競爭力，結果往往無解。

相對地，許多國內外的子公司根本沒有董事長，是由創辦人或夫人兼任，這些職務位高、權不重，看上去很有面子，就成為疏導家族成員的一種管道。

職位、職務可依需要創設

據我觀察，一般企業有多個子公司或多個部門，是很正常的事。甚至如果需要的話，還可以創設職位與職務。當家族成員眾多，就可以妥善安排，分別擔任子公司董事長、分公司總經理、部門主管等。如果家族成員的能力有限，又一定得安排一個位置，不妨設計職位的負責範圍與權限，就不會出亂子。

在家族企業中，可以視狀況，適當地拆分公司與組織，目的是照顧人的需求。比如某些親戚彼此看不順眼，可以分別讓他們去不同的子公司，以免低頭不見、抬頭見，徒生事端。

彼此不對盤的人，不必勉強安排在同公司、同部門。他們平常見面機會不多，產生摩擦的機會就變小，充其量，有些重大事項需要董事會決議，他們才會碰面。而即使在董事會產生糾紛，只要董監事成員安排得當，也能化解衝突。

善用核決權限表做安排，有面子，不影響運作

任命親戚擔任子公司董事長，要是能力不足怎麼辦？可以透過核決權限表來解決。首先，公司日常營運的大部分事務，最高上到子公司總經理或CEO決定，不會送到董事長桌上。策略性的重大決定，則需要回到母公司董事會，CEO也得向董事會報告。如此一來，子公司董事長的能力即使不足，也沒有太大的影響。

當然，為了尊重，不讓親戚覺得他只是被架空的董事長，子公司CEO還是需要向子公司董事長報告，但只是請他知悉，並不需要決策。那麼，董事長會不會成天無所事事呢？也不會，可以適當地讓他有事做，核決相關事務，但不影響大局。例如家族長輩擔任子公司董事長，就很適合做公益，或在員工旅遊、運動會、福利活動等出面站台。**簡而言之，就是讓他做那些不太影響公司營運，但是聲望高，也有面子的事務。**

對於有能力的長輩，則可以適當擴大他的核決權限，甚至給他適切的平台發揮。

拋開私心，善用家族的優秀二代子女

接班者有時會左右為難，到底要不要用自己家族的人擔任要職？走到一個極端，甚至會刻意用外人，因為用外人擔任專業經理人，旁人不會講話，家族內的成員也不會喊不公平，覺得接班者厚此薄彼。

但是**對我而言，我還是建議唯才是用**，如果自己家族的二代子女當中，真的有不錯的人才，應該跟外部經理人一視同仁，都可以錄用並擔任要職。換句話說，**內舉不避親。對於經理人也應用人唯才，長年追隨的左右手、自己人固然重用，新併購公司的優秀人才也要重用。**

企業一代創辦人更要留意，不要把所有重要職位都留給「自己的」子女，比方一代兄弟姊妹的孩子很優秀，應安排在適當的職位。當然，**位置不管怎麼擺，總有雜音，善用ＫＰＩ制度、以能力來衡量，可以擺平家族中大部分的問題。**

塑造家族團聚的機會與氛圍

家族成員難免有摩擦，或因為彼此不理解而生誤會。比方說，某些人沒有參與經營，不知道經營的難處。或被外派到海外子公司，不清楚總公司發生何事，難免產生雜音。

此時需要某種軟性的機制，來潤滑家族成員的關係。**例如在交接班過程中，成立家族辦公室，可以定期聚會，大家一起討論家族的事**。討論完，還可以順便舉辦家庭活動，喝喝酒、唱唱歌，無形中改善家族的氣氛。本來有爭執的人，即使借喝酒發發牢騷，發洩完通常也會好些，之後溝通就會比較順利。

祕訣是，藉由「公司以外」的家族團聚，讓成員間的摩擦得以舒緩。甚至可以在家族辦公室當中成立一個組織，**例如家族情感委員會，由德高望重的夫人，或是某位人緣好的成員來主持，邀請大家出席軟性活動，較不會被拒絕**。

重要場合面面俱到，重視家族長輩們的面子

交班以後的一代創辦人，或是創辦人以外，從要職退休的家族長輩，因為已經離開經營的第一線，很多核決權限都會消失，許多事沒有被照會到，或是雖有照會，他卻沒有決策權。這種情境下，可能讓他們感覺自己不再重要，甚至落寞，有失落感。實質上其權力也被限縮，心情愉快不起來。尤其面對老幹部或老員工，他們更容易覺得自己已經變成無用的老人。

接班者要留意長輩的心理變化，照顧他們的需求。一個好的方式，是在會議或重要場合製造機會，讓創辦人、家族長輩上台致詞。例如業績創新高、頒發獎項，德高望重的長輩都是很好的頒獎人。例如是創辦人頒獎，大家會覺得他還是大家長，他自己也有面子，其他長輩的情況也是相同的。

重要場合請他們做五到十分鐘的致詞，對營運不會有太大影響，即使長輩有些建議，接班者聽聽就好，好建議不妨接受，不合時宜的也不必過度理會。總之，長輩得到機會表達，照顧他們的面子，即使他們已經沒有決策權，仍會感到受尊重。

結論：適當安排職務，照顧人的需求

- 在家族企業中，可以視狀況，適當拆分公司與組織，目的是把不對盤的人分開。
- 遇到難纏長輩，可以讓他負責那些不太影響公司營運，但是聲望高，也有面子的事務。
- 對於有能力的長輩，除了讓他擔任分公司董事長，可適當擴大他的核決權限，甚至給他適切的平台發揮。
- 家族成員與外部經理人，應該唯才是用。位置不管怎麼擺，總有雜音，善用KPI制度、以能力來衡量，可以擺平家族中大部分的問題。
- 家族成員有摩擦，可以藉由「公司外」的家族團聚來舒緩，甚至成立家族情感委員會來安排軟性活動。
- 接班者要留意長輩的心理變化，照顧他們的需求。一個好的方式，是在會議或重要場合製造機會，讓創辦人、家族長輩上台致詞。

15 文化與知識經驗傳承是交接班的重要工作

我的經營智慧傳承故事

交接班時，千萬不要忽視企業文化與知識經驗、經營智慧的傳承。企業一代能創辦企業，一定有獨到的成功祕訣，也有其堅持的理念，才能讓公司發展到如此境界，這些都值得後人學習。

然而隨著交接班，如果企業文化與經營智慧沒有適當地傳承，到了第二代甚至第三代，本來很不錯的價值觀與無形的知識資產，可能都會消失。傳承的重要性可見一斑。

以我的經驗來講，我的傳承開始得很早，從一九九五年起，就親自把我經營友尚的經驗寫成教材，整理成工具書。後來陸陸續續整理成十一本書出版，目的不外乎把自己的經驗傳承給公司幹部。唯有透過文字才能把經驗有效地保存下來，否則等時間過了，人也老了，這些經驗都會失傳。

我不但自己花時間梳理經驗，也同步藉由這些整理過的教材，培訓高階主管，他們就成為這些寶貴經驗的繼承人。誠然，我當初的經驗未必百分之百適用於公司現在的經營狀況，但許多管理觀念其實是心態上的建立，包括心理建設、人性、溝通方法等等，並不會跟現在的時代需求與生意型態脫節。

更好的方式是留下多媒體，而不只是文字。因為現代人不喜歡看書，中高階幹部或許願意看，但不代表他們有辦法教，再往下傳承。於是我把經營心得拍成影片，一支十二分鐘，可以作為內訓使用。剛開始自然是希望友尚的幹部來看，後來慢慢擴大到大聯大控股旗下子公司的同仁都可以看。最後，連感興趣的社會人士都可以取得這些影片，變成替台灣產業留下企業經營智慧，我也覺得非常開心。

啟發與迷思

談到要做企業文化與組織經驗傳承，一個迷思是太花時間，平常工作都忙不完了，導致疏於整理。殊不知，這是企業交接班必要的過程，有教材、有傳承，才能讓企業的交接班事半功倍，經營更容易上手。

降低期望值才有動力

整理文化與經驗傳承要花很多時間，我會開始做這件事，是因為我以前的老闆沒有系統性地教我做生意的方法，所以我當時覺得很生氣，為何老闆那麼吝嗇，才發願說，自己當了老闆一定要傳承與教導。後來，真正做起來才發現困難重重，要整理大綱，要思考，要校正，要做成PPT，還要拍影片，花了很多時間。

此時，如果老闆期望每個幹部都認真看，徹底吸收，恐怕會失望，相對於所付出的努力，會覺得成效不如預期，很容易放棄。我的心態是降低期望值，只要有二〇%的幹部看，看了其中的二〇%內容，又把其中二〇%實際運用在工作中，也就是有〇．八%的效益，就算是賺到了。**降低期望值才有動力，讓我能夠持續投入企業文化知識的傳承，這件事也是交接班不可或缺的必要行動。**

同樣地，當我的幹部學了這些經驗，再往下一層的幹部、同仁傳承的時候，我也建議他們降低期望值。因為人都有惰性，也可能覺得外面有很多課程可學，不見得想學我們這一套。先把期望降低，才會有動力繼續往下教。

要有方法，傳承才能有效

我做企業文化、經營經驗傳承的時候，也有一項重要心得，如果只是單方面的講課、傳授，可能會發現底下的幹部聽了，都覺得很有道理，但是不會實際運用。尤其看影片，可能看到睡著。就算他們認真寫筆記，沒有經過內化、思索，仍然不會產生變化。

因此我深入思考，如何有效傳承，**我發現讀完一篇文章或看完一段影片，需要靜下心來討論你的收穫是什麼，過去錯誤與迷思在哪裡，你從這一段獲得什麼啟發。更重要的是，你如何改變你的行動。**請注意是每一段討論，例如看十二分鐘的影片就要有一次討論，而非一小時演講結束後才討論，若是後者，大家通常只會記得最後一段的重點，而遺漏了前面的關鍵。

於是我在每一段經驗傳承之後，加上討論用的表格，列出問題。並以工作坊的形

式，大家聚在一起討論，讓幹部分享，他們分享之後我再提供一些點評與更正，就形成一組有效的學習流程。

一起討論是最好的家族成員「團隊建立」

對於家族企業的傳承而言，以工作坊形式做企業文化、經驗傳承，一起討論還有一個好處，這是家族成員「團隊建立」(team building）的最佳機會。

在公司中，有許多成員各自忙於日常事務，對於企業文化與經營的技能，沒有機會做完整的整理與思考。這些成員沒有機會發言，企業一代創辦人也不知道他們在想什麼。此時，藉由傳承的機會讓他們發言，**透過討論的過程，先不論他們講的內容對不對，至少培養他們上台發言的能力，也讓家族成員彼此更了解、更熟悉，讓他們私下互動時有話題可以講，這都是團隊建立的一環。**

當然，團隊建立的方法很多，可以聚餐、爬山、郊遊，但一起學習、一起討論，也是其中一項很好的方法，可以同時對企業營運產生效益。

傳承舊文化，納入新文化

再者，企業創辦人與幹部都希望把企業文化、經驗向下傳承，但不要忘記，新一代也可能有他們自己的想法。所以**在傳承舊文化的同時，也要納入創新的文化，讓新一代也有機會發表，把新的文化與做法融合進來。**

以友尚為例，在加入大聯大之後，因為大聯大有許多子集團，彼此相互學習、激盪，也在大聯大控股產生新的文化。同樣地，併購進來的公司也可能有不錯的文化，**與舊文化融合後產生新的文化，或許更好。而非一開始就認定，舊文化才是最好的。**

多一小步服務可以用在交接班與傳承

另外我自己體會到，「多一小步服務」的觀念可以用在交接班與傳承，也就是透過工作坊等方式，由企業創辦人做起，形成一種彼此互相照顧、互相幫忙的風氣，讓有經驗的主管願意教導其他人，不會藏私。

這個觀念對於交接班與傳承非常重要，**在企業中形成「多一小步服務」的共識，才會讓每個人都不留一手，為後人舖路造橋，願意超越時空與世代的局限，隨時支援別人**。而在支援之後，無論是老臣或新的接班人、幹部，彼此更會交融在一起。

老闆如果有「多一小步服務」的心，花很多心力整理傳承的資料，即使底下的人只有少數會學，老闆也會願意去做。上行下效，幹部也會更願意傳承，願意教，而不會囿於負面的心態，覺得反正自己要退休了，教不教沒差。可以說，「多一小步服務」是交接班與傳承成功的一大關鍵。

有教材才能傳承，每個人的經驗都值得參考，利用專人協助整理

傳承只靠口授或上課，效果有限。何況工作很忙，也不是隨時都方便口授，上課要集合所有人，也未必都能辦到。所以就我的看法，要編教材。

而且教材的內容，也不限於老闆個人的經驗。公司幹部人人都有經驗與祕訣，平常工作忙，沒有機會拿出來教，可以趁編寫傳承教材的機會，每個人花一點時間整理，或是請專業的編輯聽幹部口授，將教材編出來。

以我擔任大聯大永續長的經驗為例，就曾請專人幫各部門的重要幹部整理簡報、錄影拍攝，留下影片與教材。換句話說，每一位幹部都有價值，每一個部門都有其專業，這些寶貴經驗是外界買不到的，因為每家公司的體制、文化、作業流程都不一樣，**唯有自己的企業下定決心，派遣專人去整理，累積起來就是企業獨有的重要資產。**

結論：多一小步服務，做好企業文化知識傳承

- 降低期望值才有動力，讓老闆或幹部持續投入企業文化知識的傳承，這件事也是交接班不可或缺的必要行動。
- 在每一段經驗傳承之後，加上討論用的表格，列出問題，並以工作坊的形式，一起討論、分享。分享之後老闆再點評，就形成一組有效的學習流程。
- 透過傳承企業文化，一起討論的過程，可讓家族成員彼此更了解、更熟悉，讓他們私下互動時有話題可以講，這都是最好的「團隊建立」。
- 在傳承舊文化的同時，也要納入創新的文化，讓新一代也有機會發表，把新的文化與做法融合進來。

- 在企業中形成「多一小步服務」的共識，才會讓每個人不留一手，為後人鋪路造橋，願意超越時空與世代的局限，隨時支援別人。
- 各部門的幹部經驗都很有價值，且是獨一無二的。唯有自己的企業下定決心，派遣專人整理，累積起來就是企業獨有的重要資產。

第3章

制度設計與權責安排

16

接班者是有股權的專業經理人

接班者不能太高調！

我經常看到企業的接班人，擁有超乎常人的特殊待遇，上班開著跑車，渾身都是名牌，帶價值幾十萬的名牌包，外觀一看就像是小開或大小姐，在公司也領取高薪、高紅利。

其實這些接班人的能力不錯，比如在美國讀過書，也到大企業歷練過，很有機會成功接班。可惜外在表現太高調，凸顯自己，公司老臣看不慣，也讓同仁產生「相對剝奪感」，跟團隊格格不入，親和力不足，接班非常吃力。

我曾經對其中幾位提供建議，賺了錢，不是不能好好犒賞自己，但不要在公司工作的場合炫耀，出去玩或是私人場合，開名車、穿名牌都是他們的自由，只要不帶到公司就好。他們接受了，後來接班就少了許多阻力。

其中一位更對我感慨地說，他從小家境好，穿戴這些名牌成了習慣，也不是浪費去買新的，都是本來就有的，沒想到回來公司接班，會造成這麼大的反彈！他笑著說，反而要花一筆「治裝費」，買些普通的衣服，跟家裡的司機交換車子開，刻意「親民」，才化解了老臣的疑慮，跟同事打成一片。

他還說，同儕有很多朋友跟他生活習慣相近，要是這些人回去老爸老媽的公司接班，他一定要跟他們分享這段經驗，免得他們踩到地雷。像他這樣的企業二代真的很常見，不是只有他一個！

啟發與迷思

在此的啟發是，接班人也是專業經理人！回來接班以前，必須要建立這個心態，從外表、穿著、薪資、福利，到行事作風，都要揚棄過去當公子哥兒、大小姐的習慣，把自己的舉止、生活條件都向公司的其他經理人「看齊」，進行調整，對接班會有很大的幫助。

接班者是企業股權擁有者，更是專業經理人，薪資應該比照

一般來說，接班者大多數擁有企業的股權，如果股權夠大，他可能就是公司的經營者。公司賺錢或賠錢，對接班者的影響最大。但正是因為如此，接班者更應該看重公司整體的利益，照顧團隊其他人的感受。**在心態上要把自己當作擁有股權的專業經理人，對自己才有幫助。因為自己其實是雙重身分，既是股東，又是幹部。**

我建議，接班者回到公司接班，應該在部門占一個缺，擁有一個實際會做決策的職位，薪資比照同職級的專業經理人。薪資太高或太低，都不妥。如果太高，一下子凌駕於老臣與重要幹部，將會難以服眾。

反過來說，過度壓低也不對，因為這樣做，會扭曲公司的財務報表。有些二代刻意壓低薪水，甚至企業一代都這樣做，有些人還象徵性地領一元，我認為這些做法都不合適，因為財務報表會少算這個職位應給付的薪資，讓公司看起來多賺錢，實際上是扭曲財報，不利於公司的治理。

接班者可依照職務重要性，參與紅利獎金分配

企業的接班者既然是專業經理人，在獎金與紅利制度的設計上，他就應該根據制度參與分配。

那麼，制度要如何設計呢？我建議，無論接班者的職務多重要、業績多高，他領的獎金都不能超過公司獎金總額的三分之一，應該適當地讓利給幹部與員工。

大部分的情形，都不會領到三分之一，到底領多少，就要根據接班者在職務上對公司的貢獻來分配。評價的量尺必須公平，不能因為是接班人，就給他超乎貢獻度的獎金與紅利。

反過來說，如果刻意壓低，讓接班人領得比同等貢獻的同仁還少，也會讓接班人覺得不公平。有些企業一代認為，二代已經擁有股權，公司賺錢，他的股票上漲，或是股息股利就已經是他的獎勵，不必再領職務上的績效獎金。殊不知這樣做，反而造成差別待遇。我認為，**當接班人既有股權擁有者的身分，又有公司職務的身分，兩者應該分開看待，該領的獎金就要領，公司的治理才是最健全的。如果接班者覺得可領股東紅利，願意主動放棄該領的獎金，讓幹部和同仁多領一點，那也很好。**

公私分明不混淆

二代接班人在財會、出納方面，需要特別注意公私分明。在家族企業中，往往看到接班人開車去辦家裡的私事，加油費卻報公帳，他還振振有詞地說，這些事是爸爸或媽媽交代他去辦的，怎麼不算公務？其實這是錯的。

接班人的地位特殊，無論加油費、交際費或其他費用的申報，都要以身作則，嚴以律己，才不會造成出納的困擾。否則，若是貪小便宜浮報，超過範圍一點點，或是項目不符，財務主管要不要准呢？往往很為難，常見的狀況是睜一隻眼、閉一隻眼，讓他通過算了。可是這些事情公司的人看在眼裡，就會覺得接班人有特權，對團隊的向心力很不利。要是將來會計師查帳，也很麻煩，不可不慎。

我建議，若是出於業務實際上的需要，油資或交際費當然可以申請。但如果是辦私事，或是私人的人脈交際，那就不該報。至於有些情況比較模糊，介於灰色地帶，比方跑客戶順便辦私事，跟朋友打高爾夫順便蒐集業務情報云云，一般來說，我建議律己從嚴，牽涉私務就不要報公帳。

當先鋒以身作則，能先建功最佳

接班人要有勇氣當先鋒，以身作則，能先為公司建立功勳是最好的。有時候開闢新事業、新方向，前途充滿未知，大家都不知道是好是壞，沒有人敢扛下這份責任。這時候，如果你願意跳下去承擔，而且成功，開創一些業績，大家就會服氣，認為你是有能力的。

雖然面對全新的事務，未必會順利成功。但接班人真的努力去做，大家看在眼裡，也會相信失敗是非戰之罪，能夠接受。而且勇於接受新事務的挑戰，也會讓你必須與各部門協調、合作，與許多老臣產生交集，你的工作態度、熱忱，都會影響他們對你的感受。

接班人勇於當先鋒，未必專案成功才是建功！過程中與各部門互動，讓同仁看見接班人的認真態度與能力，即使失敗，也可能獲得認可，這也是成功。

低調應對，不要狐假虎威，但可用特殊身分協調

企業二代因為是老闆的子女，有時在開會中比較敢直言，甚至反駁。或是面對其他部門主管的時候，以老闆子女身分狐假虎威，要求對方接受他的看法。這些做法都不合適。**接班人應該把自己當作經理人，在該職位應該如何講話，如何做事，就比照辦理，不要標新立異。**

但身為老闆子女，特殊身分也不是全無作用。比方公司有些事務，你發現屬下或其他部門主管不敢跟老闆反映，或是某項器材的採購金額有點大，但是很重要，大家都不敢講，這時候你以特殊身分私下疏通，給老闆（父母）建議，往往能贏得許多人和。運用之妙，存乎一心。

不要急著用自己的人馬，先善用、尊重老臣

某些接班人在外面有自己的班底，比如同學、朋友等等，往往一進公司接班就把這些人請進來，甚至擔任要職。我建議不要這樣做，應該先善用老臣或提拔優秀人才，尊

重他們。

如果你在沒有自己人馬的條件下，都能跟老臣處得非常好，順利執行公司專案，一、兩年後，當公司某項職務出缺，或是新業務、新事業部有具體的需要，開出新的編制，再引進這些你熟悉的人才，就是水到渠成，順理成章。

在第一時間就引進自己的人馬，這是接班的大忌。即使這些人進來，並沒有擠掉老臣的職位，也會讓人心浮動，老臣覺得自己可能不被重用，甚至隨時會被換掉，說不定就萌生退意，讓公司損失人才。

結論：接班人須知，請務必牢記

- 公司賺錢或賠錢，對接班者的影響最大。因此，接班者更應該看重公司整體的利益，照顧團隊其他人的感受。
- 當接班人既是股權擁有者，又有公司職務，兩者應該分開看待，按職務與表現領取合理薪資與獎金，公司治理才會健全。

- 如果接班人覺得可領股東紅利，願意主動放棄該領的獎金，讓幹部和同仁多領一點，那也很好。
- 二代接班人在財會、出納方面，應特別注意公私分明。
- 接班人勇於當先鋒，過程中與各部門互動，讓同仁看見接班人的認真態度與能力，即使失敗，也可能獲得認可。
- 接班人應該把自己當作經理人，在該職位應該如何講話，如何做事，就比照辦理，不要標新立異。
- 在第一時間就引進自己的人馬，這是接班的大忌。

17 善用MSC組織與制度做傳承

老闆特助變成小東廠？

我在輔導企業的時候，經常看到企業二代跟在老爸或老媽身邊當特助，我問這些二代，他們有做決策的經驗嗎？得到的回答都是不能做什麼決定，雖然在父母身邊看了很久，決策能力依然有所欠缺。

可是我問爸媽，回應卻截然相反，總是說兒女擔任特助，可以自己做決定啊！很多事情他們都可以去做！顯然，在認知上雙方有非常大的差異。

我分析的結論是，所謂特助，就像掛在老闆旁邊的耳朵，他們可以聽到公司的機要，也會收到重要信件的副本，老闆會要求他們參加重要的會議，某些事情也派他們去跟幹部談。然而，有時候也給人一種他們像「東廠」的感覺，平常在老闆身邊鞍前馬後，時不時還會替老闆監督底下的人，風評並不好。

啟發與迷思

所謂老闆特助變成小東廠，我覺得迷思在於，這些二代在核決權限表當中沒有位置，沒有公司體制內的決策權，只是幫老闆傳話，決策好或壞都跟他們沒有直接關聯。結果，許多事他們是否要參與？要不要開會？開完會後要做什麼動作？都蠻尷尬的。做太多，好像侵犯幹部的職權。做太少，又像成天在公司裡閒晃，沒事幹。即使開了會，因為沒有權責，也覺得無聊，缺乏成就感，久而久之甚至會不想接班。

MSC是解決企業三不管地帶的良方

何謂MSC？它是經營服務中心（management service center, MSC）的英文縮寫，我認為許多疑難雜症、跨部門事務都可以藉此因應。

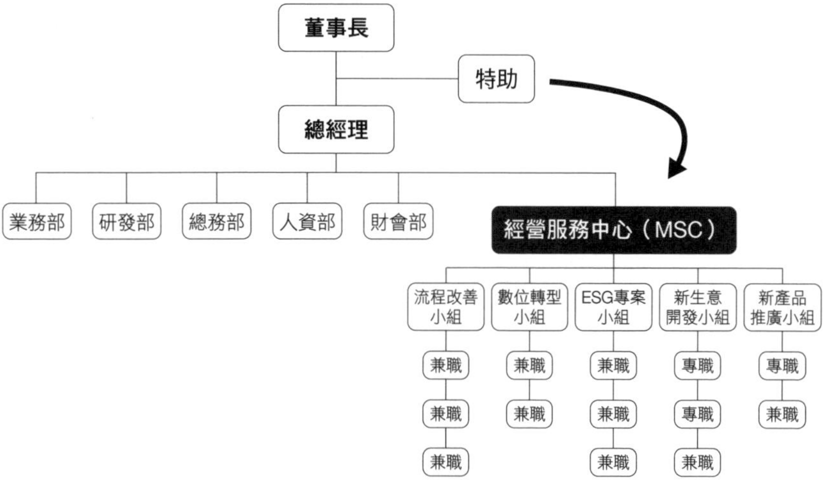

圖1-1　經營服務中心（MSC）組織示意圖

在規劃公司接班的時候，**可以讓未來接班人擔任MSC的召集人，即使他仍然掛特助的職銜，也沒關係，職稱並不重要。**例如，對於數位轉型、流程改善、市場開拓、新客戶開發、ESG等，這些事務是「新」的，而且往往牽涉許多部門甚至全公司，可以考慮由MSC來規劃執行。

MSC不會增加很多人事支出，可能只有一、兩位專職人員，加上來自公司各部門現有人員在MSC兼任某些職務，成立專案任務編組即可，較有彈性。只要規劃得宜，不濫用，我覺得MSC對上述重要事務的處理，以及接班人的訓練，都有許多好處。

二代掛特助的缺點，透過ＭＳＣ來克服

許多企業規劃接班，讓接班人跟在董總身邊當特助，我認為可能有以下缺點：

一、沒有權責，不易培養獨立經營能力；

二、沒有賦予適當職能，不容易介入組織運作；

三、沒有賦予適當職能，不容易了解產品、研發等重要領域。

我建議，二代接班前可進入一個部門，占某個職缺，賦予他一定的核決權限，來解決掛特助的缺點。但實務上在某些公司，二代直接進部門任職，有時窒礙難行，老臣也覺得格格不入。而且二代要經過好幾次輪調，才能了解各部門事務，進度或許太慢了，這時ＭＳＣ就是很好的選擇。

ＭＳＣ的職能賦予，讓接班人介入各項運作及學習

任何ＭＳＣ專案編組，都牽涉到非常多的部門，由接班人擔任ＭＳＣ召集人，勢必要跟許多幹部接觸，了解各部門業務，無形中就培養接班人的辦事能力，累積溝通的經驗。

例如流程改善，幾乎跟所有部門都相關。開發新產品，一定跟研發、產品、業務部門相關。二代接班人一接手，無形中就要跟這些部門溝通，了解業務、研發、產品、ＩＴ等。而且ＭＳＣ的召集人會被賦予一定的職能，有權有責，每當他負責一項專案，就能從某些角度開始，介入組織的運作，逐步成長，慢慢擴大他的知識領域。三、五年之內，可望對整個公司的運作駕輕就熟。

站在提升效率及服務的角度，協助組織運作，易受老臣歡迎

因為ＭＳＣ是站在提升效率及服務各部門的角度，老臣更容易接受。接班人以專案負責人的身分，解決部門的疑難雜症，或三不管地帶的問題，也可以順理成章，替底

下部門向老闆爭取提升效率的設備、數位轉型的資源等等，巧妙運用ＭＳＣ的權責，會更受到歡迎。

打破建制，二代做頭的ＭＳＣ，可統合公司與集團老臣

二代擔任ＭＳＣ召集人，他的職級未必會比底下的老臣高，只是擔任專案負責人。但可以透過ＭＳＣ，老闆為二代站台，賦予管理這項專案的權力。**打破建制的專案小組，因應公司新任務，讓二代擔任召集人，做資源與人力的盤點與運用，可以讓二代順利深入到各部門，而且不影響原部門的運作。**

另外，當二代接班人進來，擔任董事長或總經理特助，經常會發現其意志無法滲透進轉投資或併購進來的公司。

若是打破建制，開一個新的ＭＳＣ任務編組，讓二代負責所投資事業的發展，二代接班人就能透過ＭＳＣ，跟那些「被併購進來的」組織幹部深談，達成公司的新任務、新目標。換句話說，原組織不動，接班人也沒進原組織，只是原組織的幹部向他報告，接班人就能了解部門狀況，他既有職能，也有權責，意志也能貫徹下去。

一代創辦人的站台，是MSC成功的關鍵

應該注意的是，MSC要成功，一代創辦人必須要站台，賦予接班人權力，這個跨部門任務編組才能叫得動各部門的老臣。我建議，最少在MSC初成立的頭幾次會議，董事長或總經理必須一起參加會議並站台。

以我為例，在企業逐步交班的過程中，各事業部（BU）的會議，我反而漸漸淡出，不一定會參加。然而MSC的重要會議，我卻會到場幫MSC的召集人「站台」，請每個事業部的主管一定要參加，無形中就建立了他們的威信。

結論：善用MSC，傳承更順利

- MSC是經營服務中心的英文縮寫，許多疑難雜症、跨部門事務都可以藉此因應。
- 二代接班人掛特助，沒有權責，沒有職能賦予，不易養成獨立經營能力。
- 讓二代擔任MSC召集人，有權有責，可做資源與人力的盤點與運用，而且讓

二代順理成章介入到各部門組織中。

- MSC的好處是彈性較大，且是任務編組，不會影響公司原部門的運作。
- MSC站在提升效率及服務的角度，協助組織運作，易受老臣歡迎。
- MSC要成功，一代創辦人必須要站台，賦予接班人權力，這個跨部門任務編組才能叫得動各部門的老臣。

18 設好增資必要條件，發展才會順利

不讓增資卡住，以利公司發展

有一家公司，創辦人有四位兒女，其中兩位兄弟姊妹回公司任職，另兩位在外面發展。創辦人給每人二五%的股權。可是在公司發展的過程中需要增資，在公司裡負責經營的兩位子女看到公司的需求，包括增加設備、擴廠、增加營運周轉金等都需要錢，贊成增資。在外發展的兩位卻不贊成，不想多拿錢出來增資。結果因為開董事會投票二比二，贊成與反對的股權也相等，雙方吵翻天，增資的提議就卡在那裡動彈不得，讓公司的發展受限。

參與公司營運的兩位兒女碰到我，都很感嘆，創辦人當初把股權均分，卻沒有講好

公司未來發展需要增資該怎麼辦，比如發展達到某條件時就要增資。現在身在經營圈內的人，跟圈外的兄弟姊妹沒有共識，真是頭痛！

我自己的投資經驗，則是跟我投資的公司約法三章，當公司負債比率超過五〇%，也就是說，隨著營運的擴張，銀行借款超過公司自有資金的時候，就必須要增資。因為負債比高於五〇%，可能會還不出錢，讓公司營運陷入危機。此時，增資其實是為了公司經營安全的考量，不是為了擴增接班人的股權。

通常公司的原始股東，未必會贊同增資，特別是當他們自己拿不出錢來增資，要引進其他股東的時候，原始股東本來占三〇%股權，可能變成二〇%或更少，此時股東很容易持反對意見，讓原本應該增資發展的企業受到箝制。但如果事先講好，跟股東陳明公司發展的需求與利害關係，當公司達到某條件時就要增資，未來就會比較順利。

啟發與迷思

原始股東拿不出錢來增資，又擔心引進新股東來增資，會讓自己的股權稀釋，於是在董事會上反對。這種常見的戲碼，其實是因為股東陷入了迷思。

關鍵在增資的用途，當公司增資擴充設備、擴廠、增加研發支出等，是為了擴大規模，做更多的生意，產生更大的利潤，那麼，就算某股東的股權從三〇%變成二〇%，可是這二〇%的價值可能遠勝過原本的三〇%股權。這樣想，就沒有反對的理由。

不增資，公司發展受限

公司的資本大小，往往直接影響公司的競爭力。

舉例來說，經營者看到市場的機會，產品供不應求，要擴廠生產更多的產品。假如市場上又沒有夠分量的競爭者，可以預見，擴廠會帶來更大的營收與利潤。但是蓋新廠需要資金，公司把先前的保留盈餘都投下去也不夠，銀行借貸也到了上限，很明顯需要增資。如果此時股東反對增資，讓擴廠計畫胎死腹中，反而影響的是股東自己的獲利。

在全球的半導體、科技產業也經常見到，如果企業能夠比競爭對手拿出更大規模的資本支出、研發支出，聘請更多的人才，就能拉開跟對手之間的距離，讓競爭者望塵莫及。

增資不想跟，擔心被稀釋，又不願意再投入資金

我們談過增資的好處，那麼，為什麼原始股東不想增資呢？一種狀況我們談過，股東自己沒有錢，想增資也沒法跟進，這時候我建議可以好好評估，如果增資對公司有必要，可考慮引進外部資金。

以下談談第二種狀況，其實股東有錢，不但如此，甚至他還是經營者的兄弟姊妹，但還是不想跟進增資。原因是他沒有參與公司的經營，不熱衷於公司，對公司增資能不能擴大規模賺到錢，他也不太確定。此時，他就不想增資。我常聽到某些股東的觀點就是，資金的問題，讓接班經營的人自己去想辦法就好。

這時候我會建議，**接班者不僅要投入企業經營，還需要注重股東這些重要關係人，不只提供財報，也要經常溝通，讓他們了解公司的發展，在增資這類重大決定的時候，才能贏得他們的支持**。

反過來說，那些未接班的子女，同時身為公司大股東，也要想想，當他們反對增資限制公司的發展，其實是降低了自己手上每一股的價值，對自己到底有沒有好處？

增資與否的矛盾衝突，造成外部人股權增大

再舉一個例子，呈現出增資這件事，不同立場者之間的矛盾與衝突。簡單地說，手上有錢的股東會希望增資，因為如果他投資，別人不投，他可以擴大自己手上的股權。手上沒錢的原始股東，擔心股權被稀釋，往往反對增資。所以經營者要跟股東妥善溝通，展現公司的願景與競爭力，說明增資的客觀理由，爭取支持。

不過，也因為增資這件事存在立場差異，溝通並不簡單，有些家族成員因為鬧得不愉快，可能選擇不增資且淡出，從此對公司發展不太理會。這種情況也有風險，**如果家族成員紛紛淡出，經營者又實在需要資金，在董事會同意下，會找外部人來增資，最後造成外部人股權不斷增大，家族的股權將會一再降低，甚至喪失對公司的控制權。**

事先約定，經營者有所依循，免除爭議

經營圈內與圈外的人，對公司增資會有不同看法。手上資金多的股東與資金少的股東，對增資的立場也必然不同。因此，**事先約定公司增資的條件，對不同立場者都有保**

障。事先約定增資的先決條件，不僅是幫助有意增資的一方，對缺少資金、增資態度保守的股東也有利，因為條件的限制，讓經營者不能任意提出增資。

如前所述，公司負債比率可以當作增資的參考點，例如負債比率超過五〇%才增資。如此規範，經營者就不能因為怕麻煩，不想拜託銀行借錢，而直接採用增資的做法來擴大經營或刻意增加自己的股權。當然，若有其他明確的資金用途，經營者應準備完善的增資說明，才能說服董事增資。

當然，這項事先約定是否有法律效力，讓雙方強制執行？尚有疑慮。但只要有約定，對於董事會達成共識，畢竟還是有幫助。有約定總比沒約定好。

增資談不攏時的解決方式

如果實在談不攏，就以董事會決議為結論。依贊成與反對者的董事席次與持股比例，決定結果。**如果表決通過增資，反對的股東也得接受。不過原始股東還是有優先認股權，可決定要不要加入增資**。如果原始股東不加入，或是加入的人資金不足，經營者就要另找特定人參與增資。

此外，因為公司需要發展資金，可能未來要增資，經營者就不想分配盈餘，這個觀念是不對的。**相反地，把盈餘先分配出去，再進行增資，反而更容易吸引股東參與增資。**

增資後，接班者股權即使被稀釋，若設有激勵制度，所得未必減少

表面上，經營者如果未參與增資，股權會被稀釋。但公司資金增多，妥善運用的話**可以擴大營業額與盈餘，若設有激勵制度，經營者可分配到的獎金、紅利、經營股權獎金都會增加，所得未必減少，經營者不必太擔心擁有的股權被稀釋。**

此外，增資之後，經營者占有股權的比率雖然降低，但是股票的張數是不變的，而且價值可能會提高。例如原本持股二〇%變為一五%，但是股票張數一萬張不變，如果因為增資營運良好，EPS提高，這一萬張股票的價值也會提高。

結論：增資條件先約定，大局為重

- 公司的資本大小，往往直接影響公司的競爭力。
- 接班者不僅要投入企業經營，還需要注重股東這些重要關係人，積極溝通，贏得他們的支持。
- 如果家族成員紛紛淡出，經營者又需要資金，在董事會同意下，會找外部人來增資，造成外部人股權不斷增大，家族的股權一再降低。
- 事先約定公司增資的條件，對不同立場者都有保障。
- 如果董事會表決通過增資，反對的股東也得接受。不過原始股東還是有優先認股權，可決定要不要加入增資。
- 設立經營股權獎金，可視為對增資之後，經營者股權被稀釋的一種補償。

19 設好分息與分紅制度，接班者有所依循

接班者叫苦，未接班也叫苦

我經常輔導企業，遇到二代接班者叫苦連天，說他們加入經營團隊，讓公司賺錢，累得要死。但相對於未接班的兄弟姊妹，分息的時候也沒有多分一點，他覺得很不公平。

我也聽過未接班的子女抱怨，雖然他分到公司二〇％的股權沒錯，而且公司也賺了錢，接班者卻從來不分息。公司沒上市，他的股票也不能賣，如果不分息，對於未接班者來說等於一毛錢也拿不到，股票形同壁紙。他也直呼不公平。

當公司有盈餘，分息是分給股東的錢，分紅則是分給公司幹部與員工的獎金。接班

者是公司的幹部之一，所以他的怨言，來自分紅制度沒有照顧到他。或者他覺得自己是經營者，不好意思跟員工一起領分紅。未接班者的抱怨，則是出在分息沒有制度化，接班經營者從來不分息，讓他什麼也沒分到。

啟發與迷思

接班者責任大，如果沒有額外酬勞，他就覺得不公平。但其實他抱怨分息沒有比別人多，是陷入迷思。分息多寡是看股權，不可能因為他接班就多分一點。

但他既然接班，實際投入經營，他就是公司的核心主管，也是經理人之一，理應接受分紅制度的獎勵。獲取分紅，才是接班者取得額外酬勞的正途。

接班者希望保留盈餘，方便發展

為什麼會有接班者不分息，導致未接班者抱怨的情形發生？未必是接班者小氣，而是接班的人實際掌管企業經營，如果不分息，把盈餘保留在公司，公司的資金充裕，擴增設備、廠房，聘請人才等都會比較寬裕，也不必向銀行借太多錢，負債少，經營起來必然輕鬆。

所以**就經營者的角度，總是希望儘量把盈餘保留在公司，甚至不要分息最好**。上市公司可能還有分息壓力，如果都不分，可能會影響股價。但如果是未上市公司，不分息的情況就更可能發生。

未接班者希望分息，越多越好

未接班者的立場正好相反，認為公司有盈餘，當然應該分給股東，而且多多益善。至於公司未來發展需要保留盈餘，不干他的事，如果要資金，應該是經營者自己去想辦法，不該把腦筋動到應該給股東的分息身上。

所以，**接班者與未接班者的立場，先天是矛盾衝突的**。

接班者沒權力決定分紅額度，無法激勵員工

如果接班者跟股東，沒有對分紅分息制度有共識，甚至可能會影響公司的留才與攬才。為什麼？**因為董事會可能傾向公司盈餘要儘量多分息，分給股東，接班者甚至連決定分紅額度的權力都不會有，根本沒有足夠的錢來分紅。**

可是接班者卻有實際的需求，把盈餘拿來分紅，照顧員工與幹部，才能留住優秀人才，甚至攬才，讓公司的營運更上軌道。

不只如此，有時接班者自己的分配也會有矛盾，比方盈餘有限，又被股東分息分走不少，擴廠、買設備的錢都不夠了，為何要拿出幾千萬分給員工？如果接班者的未來願景不明確，有時難免會有這種想法，可是如果不分紅，公司盈餘不跟同仁分享，會導致公司無法激勵員工，反而損失更大。

因此董事會應該設有明確的分息及分紅制度，接班者才能激勵員工，留住人才。

三七原則分紅制度，用ＥＰＳ作為依據標準

分紅與分息的種種問題，我認為還是來自欠缺制度化。制度化怎麼做？**以分紅為例，我個人慣用稅後盈餘的三〇%拿出來分給員工，如果換算成稅前，就是二四%。**

當然，並不是說賺的錢一定要拿出二四%來分配，也要看ＫＰＩ的達成狀況而定。以全公司而言，可以用ＥＰＳ來衡量，如果表現平平，可拿出盈餘的一〇%來分紅；再好一些，就拿出一二%或一五%；ＥＰＳ表現相當好，可能拿出一八%；最高則不會超過總盈餘的二四%。ＥＰＳ越高，股東賺得越多，員工分紅跟著提高是合理的。

我認為ＥＰＳ是一個很好的標準，因為所有公司經營的好壞，都會歸結到ＥＰＳ，就是公司每一股的股本，可以賺多少錢。

另外，公司營運規模的大小，也有影響。比如毛利高的大型企業，可能盈餘拿出一〇%給員工分紅，就已經非常有感，成為社會上人人稱羨的分紅。相對地，有些小公司即使拿出盈餘的二四%來分紅，仍然無法讓員工有感。何謂有感？就是分紅達到年薪的二〇%至三〇%。例如一般年終獎金發一個月，如果績效好，可以拿到三個月或四個月，激勵效果就顯著。如果達不到，則需要酌情調整。

三至五成分息是普遍的共識，最好列入公司章程

根據業界慣例，公司每賺一塊錢，分三毛到五毛給股東是普遍的制度。為了避免經營者為經營方便，保留盈餘過高，甚至完全不分息，可以把分息的比例在公司章程做出規定，對未接班者或外部股東比較有保障，讓各方都安心。

公司章程是有強制力的，經營者不能憑一己的判斷隨意修改，而是需要經董事會同意，股東大會通過才能修改。**我建議可在公司章程規定盈餘至少三〇%用於分息，至於是否再分多一點，可以交給經營者依照公司實際營運狀況、未來擴張營運的資金需求提出腹案，再經董事會討論後決定。**

結論：分息分紅立場不同，可藉制度化弭平爭議

- 接班者與未接班者，在分息上面的立場，是先天矛盾衝突的。
- 接班者為經營方便，希望把盈餘留在公司，有更多資金可運用，最好不分息。未接班者身為股東，則是希望分息多多益善。

- 分息要有限度，因為股東掌握董事會，如果堅持公司盈餘要儘量多分息，接班者甚至連決定分紅額度的權力都不會有，也無法藉分紅來吸引人才。
- 我個人慣用的方法，拿出稅後盈餘的三〇％當作員工分紅，如果換算成稅前，就是二四％。以此為原則，再根據當年度EPS高低、盈餘規模大小來酌情調整。
- 至於分息，可在公司章程規定盈餘用於分息的比率至少三〇％，至於是否再分多一點，可以交給經營者依照公司實際營運狀況，經董事會討論來決定。

20 建立核決權限表，適當授權

打球看手機的老闆

某一次我跟朋友打球，發現他根本沒辦法專心，一直按手機。我心裡暗暗好笑，本來他打得比我好，這一次恐怕要輸了。最後我贏了，我就問他，為什麼那麼忙？他說煩死了，公司的大小事都得他來核決，員工才三、五十人就忙得不可開交。

他反問我：「你公司員工上千人，營業額上千億，又有那麼多部門與分公司，為何反而沒那麼忙？」我回答，因為權力已經按照核決權限，讓主管分層負責，只有重要的事情才會送到我這裡來。

他卻繼續抱怨說，他事必躬親也是沒辦法，有些員工不值得信任，假公濟私，他信不過。我看到最誇張的，是連ＤＭ送客戶都要老闆親自簽核，他說是因為業務亂拿

DM，連同產品樣本賣給客戶，錢進到自己口袋。其實這種惡劣的人是少數，最後卻造成所有簽核都集中到老闆手上，底下主管簽的他都不放心。

啟發與迷思

這位老闆的迷思，是他的權力沒有下放，沒有給底下主管核決的權限，所以任何事情都得問他。

雖然他有防弊的顧慮，我還是建議抓大放小，影響大的事項親自核決，影響小的還是要授權，即使造成損失，也不會很大。願意授權，不只對老闆個人有好處，公司的效率也會提升。

民主與獨裁並存，依性質決定

常有人討論，**公司管理要民主還是獨裁？兩者能否並存？我認為是可以並存，對不同事項進行分類，採用不同的方式。**我建議老闆或接班人，**福利性的事項可以完全民**

主，比方聚餐要吃什麼、旅遊去哪玩、做衣服的顏色樣式等，不妨自由表決。

庶務性的事項，就是經常性會發生的採購，常態性的合約等等，可以考慮使用二八法則授權。八〇%的簽核，應該由第一層小主管核決完畢，只有二〇%上報到第二層；同樣地，第二層事務的八〇%，也由第二層小主管解決完；接著第三層、第四層，依此類推，分層負責，只有最重要的事情會送到老闆或接班者手上。

策略性決策，傾向獨裁或半民主式獨裁

但我強調，**策略性的決策，不能濫用民主，否則意見很難有交集，甚至不了了之**。例如當初友尚是否加入大聯大，如果我去問幹部，一定會有許多不同聲音，因為高度不同，視野也不同，容易有本位主義，或既得利益，不想面對變化的不確定性，而有所反對。比如我看到友尚的營業額雖高，可是三星的代理權就占了六〇%，供應鏈的趨勢是大者恆大，如果友尚不跟大聯大整合，規模不夠大，萬一三星有異動，就危險了，可是底下的幹部未必會有這種格局。

所以**對於前瞻性的重要決策，我會採用半民主式的獨裁，先與友尚創辦人決定大致

的策略之後，再找幹部討論。在討論時，其實是說服他們接受，當然也接納意見的小修正，但大方向絕對不會改變。這樣也做到了尊重，算是一半民主。

還有完全獨裁的案例。大聯大控股合併之後，共有四套甲骨文（Oracle）的ERP系統，各家公司都覺得自家的ERP系統好，不願意更改與整合，談了好幾年沒有下文。換了一位執行長，他比較獨裁，要求旗下所有公司一律使用陽春的「控股版」，否則就沒有系統可用。經過一、兩年痛苦的適應期，系統逐步修改，最後集團終於使用統一的ERP，而且效果很好。

依二八法則，提早適當授權

二八法則的授權，如何執行呢？未必是按照金額大小。有些核決事項金額大，可是它是例行性的採購，不見得因為它超過百萬或千萬，就一定要送到老闆處核決。因此，**雖然一般原則上，金額高，核決的主管層級也高，但也要參照「重大影響數」，不見得完全照金額排定授權的順序**。

例如有些法務事宜，如果不小心處理，將來可能被提告侵權，有重大影響，雖然金額不是很大，仍需要高階主管過目。或是VIP客戶，因為關於它的每一項事務都可能有大的影響，甚至關係到商機的掌握，於是VIP客戶的任何動作，無論訂單金額大小，甚至只是索取樣品或客訴，事情不分大小，都要呈到老闆桌上。另外我也提過，進用與培訓人才很重要，以二八法則來說，必定屬於前二〇%的重要事務。

其他的事項，大部分都可以授權。**提早適當授權，可以訓練幹部，他知道他是核決的最後一關，就會更加謹慎，負起責任**。否則以人的慣性，只要上面還有高層核決，就算底下的幹部需要看過，仍可能懶得思考，成為橡皮圖章。

簽核時沒有其他聯想動作的，大都可授權

我建議企業創辦人，在安排接班人的時候，要給他適當的核決權限，讓他對自己負責的事項有感覺。我也常提醒接班者，核決的時候如果只是批准或不准，其實沒有效果，也不會有收穫，必須發揮聯想力，並有跟簽核單連動的聯想動作。

每一張簽核單，都是機會教育，讓接班者看到、想到平常沒有注意的事情，運用眼前的表單作為教材，教導屬下每個環節應該注意或修正的事項。

舉例來說，我收到一張出差單，某事業群主管派一位資深應用工程師（FAE）出差五天，為的是處理一項客訴。我就聯想到：第一，這項客訴是資深應用工程師就能處理的嗎？會不會需要當地分公司的人陪他去？第二，資深應用工程師為一項客訴出差五天，多出來的時間要做什麼？第三，是否應給予客訴處理的權限範圍？第四，是否應加派一位高階主管同行協助處理？最後，我安排這位資深應用工程師為分公司安排兩場培訓，還藉由分公司幹部牽線，拜訪了當地一家重要的客戶。

其中的重點，包括評估出差的必要性，如果必要，可以做什麼來提高出差的效益。再者，就是在當地，誰可以提供協助，以及培訓人才等。**這些超出例行事務範圍，提高公司效益的動作，就是所謂的聯想動作，也是高階主管簽核的最大價值所在。**如果一件核決事項「沒有」這些聯想動作，就不妨大膽授權，省下老闆或接班者的時間。

建立核決權限表，逐年調高接班者的權限

創辦人給接班者核決的權限，初期不用太大，可以逐年調高。例如一開始只能核決一百萬以下的支出，逐年提高至一百五十、兩百萬。或一開始不敢放心授權八〇%事

項，可以先從四〇％以下開始。

換句話說，核決事項的比例可以逐年調整，核決事項的金額與影響力大小，也可以慢慢修正。但至少要先有一版核決權限表，其中一部分是接班者可以負全責的，另一部分則需要上呈到創辦人核決。

總之，先求有，再修正。也就是先放出一部分核決權限，不要完全不放權。雖然最終目標是授權八〇％的事項，但是不用著急，可以一步一步來。

忍受學習曲線上的錯誤，不輕易買回

放出核決權限給二代，他當然可能犯錯，一定會跌跌撞撞。但是我建議，即使你發現接班者有一些問題，還是不要插手，讓他付出一點錯誤的代價，才會成長。因此**交棒後，除非問題太嚴重，損失會大到公司不能負擔，你才介入**。不要看到接班者犯些小錯，就輕易埋單回來自己做，這樣的話，傳承不會成功。

另外，一代也要容許接班者的路線跟你不一樣。為達到同樣的目的，我走的路徑是A，接班者可能走B，再換一個人搞不好走C，每個人的想法不太一樣，但抵達的終點都是一樣的，並不用太擔心。

已授權的部分，不插手也不過問，學當菩薩

我建議，某些事項授權以後，前三、四個月的過渡期，無論看得再不習慣，都要儘量忍住不插手，等接班者自行修正。以我為例，觀察一陣子後，雖然他們走的方式不全然與我相同，結果也未必不好。

總之，已授權的部分，一代不插手、不過問，因為**一旦忍不住插手，就會變成埋單回來，由一代做決定，二代永遠學不會。一代應該學著當菩薩，意思是二代不來問你，你就不要發表意見，對傳承才會有利。**

結論：二八法則授權，重視聯想動作

- 對於前瞻性的重要決策，可採用半民主式的獨裁，先決定大方向之後，再找幹部討論細節。

- 依二八法則，提早適當授權。至於八〇%可授權事項的定義，不一定由金額決定，也要考慮「重大影響數」。
- 每一張簽核單，都是機會教育，讓接班者看到、想到平常沒有注意的事情，運用眼前的表單作為教材，教導屬下每個環節應該注意或修正的事項。
- 超出例行事務範圍、提高公司效益的動作，就是所謂的聯想動作，也是高階主管簽核的最大價值所在。
- 創辦人給接班者核決的權限，初期不用太大，可以逐年調高。
- 交棒後，除非問題太嚴重，損失會大到公司不能負擔，一代才介入。不要輕易埋單回來自己做，這樣二代永遠學不會。

第4章

永續經營，傳承的實務

21 上市櫃有助於傳承，接班或分配資產都有利

有錢朋友的故事

我有位朋友很有錢，在海內外有許多資產，旗下也有許多事業體，只是他嫌麻煩，加上公司很賺錢，也不需要對外籌資，從來沒有考慮上市櫃。

不料有一天，這位朋友忽然過世，發現公司沒有上市櫃，也未留遺囑，處理遺產就變得非常麻煩。朋友的太太與四名子女乍聞噩耗，不知道該怎麼辦，惶然無措。事業要由誰來接，財產分多少，幾乎都得透過法律途徑來解決。

公司從未上市櫃，讓事情成倍複雜。沒有上市櫃，意味著不同事業體不是一套帳，連清查都很麻煩，遑論接手。而且如此一來，即使他們家資產頗多，買賣卻很困難，平

添許多困擾。

啟發與迷思

這個故事的啟發在於，天有不測風雲，人有旦夕禍福，了解這個道理，就不會怕麻煩，會對財產繼承、事業接班做好規劃。

另外，即使有遺囑，公司很多財務與經營問題，不是一份遺囑能夠解決。而公司上市櫃，有助於把組織的財務帳目釐清，對傳承將大有裨益。

我的故事：股票上市，兒女各取所需

我是友尚的董事長，公司在二〇〇〇年已經上市。我很輕易地把持股分成幾份，我們夫妻跟兒女各拿一份，未來都能各取所需，自行選擇，也完全沒有衝突。而且上市公司的股票流通性佳，不論兒女選擇賣掉，或留在手上收股息，都容易執行。兒女可以透過股票取得資金，完成自己的夢想或創業，家庭氣氛也融洽。

我曾經誤以為，我對於企業或家族傳承沒有太多東西好講，自己就是順利度過這段時期，風平浪靜。現在回想起來，很可能是因為股票上市，我讓兒女各取所需，才免除了種種的煩惱。

上市櫃的目的及優缺點，股票上市，有利於傳承

我曾傳授過創業與經營心法，談到上市櫃的目的與優缺點。上市櫃的目的，或說好處有八大項：財務透明籌資方便、提高市場信心、公司的商業價值明確、股票流通性佳、股票套現容易、提供員工認股福利、有利吸引人才、小股東可以變現。

當然上市櫃也有一些缺點，比如股本太小的話，並不適合上市櫃，股東想要賣股很容易造成跌停板。此外，上市公司大股東賣股也需要事先申報。再者，某些老闆覺得上市櫃雖然財務透明，卻會讓他多繳稅，便不太願意。最後，上市後也要確保有足夠資金讓經營團隊穩住經營權，否則隨著資本愈來愈大，股權分散，「市場派」可能會侵蝕進來，引發經營權之爭。

但即使有這些缺點，對於傳承，上市櫃的利大於弊。從前讓老闆不想上市櫃的一些

小缺點，碰到傳承這件大事，相對而言就微不足道。對我來說，**上市後立竿見影的優點就是股票流通性佳、股票套現容易這兩點，讓未接班的家人擁有股票，可自由處置，也可以留著分息。**

整帳才能上市櫃，藉機將資產做總整理，利於分配

對於上市櫃公司，政府有明確的規範，讓公司被迫「整帳」，使帳目更清楚，利於家族傳承時進行分配。

沒有上市櫃的公司，資產往往東一塊、西一塊，股東往來、借款的情況很多。一方面，可能因為不想繳稅，累積盈餘過大，未做合理的分紅。另一方面，可能不動產占資產的比例太大，常見的現象是過去買了土地，增值很快，結果土地市值非常驚人，卻沒有適當地處理或切割。想要賣土地進行分配，又面臨高額稅負。

當公司負責人還在，可能還清楚狀況，可以掌握，萬一不幸過世，後繼者要接手就困難重重。這時就顯出上市櫃的好處，無形中逼著公司對這些國內外的資產、資金與其帳目做整理，該賣的賣掉換現金等等。帳目清楚之後，就像有個肉粽頭，一提就可以提

起整串粽子，未來要傳承、要分配都容易許多。

公司資產用個人名義掛名，傳承困擾多多，上市櫃是解方

有些未上市櫃的公司，在國內或海外布局，常常便宜行事，以個人名義掛名，借人頭開公司，這些情況都很普遍。也常見的情況是用太太名義，或用某個孩子比如老三的名義等等。這時候，問題來了，如果這家子公司名義上屬於老三，又很賺錢，規模擴張很快，資產也大，當老爸忽然過世，要分配的時候，老三願意拿出來分嗎？

一般而言，創辦人忙於公司經營，日理萬機，這些麻煩事都不會處理，等到他過世，後人才發現麻煩大了。但如果要上市櫃，政府規定一定要處理，就會把公司營運推上正軌，**過去用人頭掛名的問題都得解決，把人頭手上的資產轉移回母公司控制，這些對於傳承都是非常有利的。**

勉強湊合子女接班，不利經營發展，宜傳賢不傳子

子女不見得每個都適合當經營者，不一定要將自己創立的事業體交給兒女，才是傳承。將股權與經營權分開，交給專業經理人將公司經營好，正是「傳賢不傳子」的做法。子女適合經營當然好，讓他接班，但若他們並非合適人選，就不必勉強。

只要公司營運得好，把資產交給子女，我認為也符合傳承的定義。讓兒女當快樂股東，去實現他們自己的人生目標。而在上市櫃公司，**股權與經營權分開，權責將會更為清楚，子女之間也較不會為接班起爭執。**

未接班者擁有股票，也擁有監督權

可能有人會想，把公司傳承給專業經理人經營，萬一他做不好怎麼辦？上市櫃公司也有因應機制。

未接班的子女、家人擁有股票，其實就擁有公司的監督權。即使不下來經營，也可以擔任董監事，當專業經理人表現不佳時，甚至可以更換。

結論：要傳承，認真考慮上市櫃

- 天有不測風雲，人有旦夕禍福，及早讓公司上市櫃，有利於傳承。
- 上市後立竿見影的優點就是股票流通性佳、股票套現容易，讓未接班的家人擁有股票，各取所需，可自由處置，也可以留著分息。
- 對於上市櫃公司，政府有明確的規範，讓公司被迫「整帳」，利於家族傳承時進行分配。
- 上市櫃會把公司營運推上正軌，把人頭掛名的問題解決，人頭手上的資產一律轉移回母公司控制，對傳承有利。
- 股權與經營權分開，權責將會更為清楚，子女之間也較不會為接班起爭執。
- 未接班的子女、家人擁有股票，其實就擁有公司的監督權，若有必要，甚至可更換不適任的經理人。

22 董監席次的安排，善用外部董事

我加入大聯大的成長歷程，從不理解到認同

友尚加入大聯大之前，類似一言堂。雖然有兩位創辦人，但彼此尊重。至於董事會的組成，早期的法令也未規定要外部人士擔任獨立董事。因此從創業初期到上市，友尚的董事會基本上就是董事長說了算。

為了集團長遠發展的需要，友尚加入大聯大之後，情況就不同了。首先大聯大有好幾個子集團，都在董事會有席次，不可能是一言堂。其次，政府也嚴格要求董事會須設置獨立董事。

剛開始，我覺得這些獨立董事不是我們行業中人，懷疑他們能幫到多少忙，也不覺得獨董制度有何重要。經過一段時間，我卻慢慢發現，雖然獨董的行業並非大聯大的本業，

但他們各有專業，看事情的觀點反而中立。甚至有些財務報表，看得比本業中人還仔細。

我覺得這也是專業取勝，因為他們的背景可能是會計師、法律顧問、教授，對於管理上、財務數字上，比我們這些創業的大股東、董事，其實更加清楚。因此即使他們並非大聯大的本業出身，在公司治理、財會等方面，反而顯現出優勢。唯一讓我覺得有些局限的，是他們多半從把關、防弊的角度提出意見，對興利的建言相對比較少。

反過來說，創業出身的董事們，對於開創性的興利議題較有貢獻、但對於風險評估的細節，可能就沒有獨董在行。獨董立場相對保守，跟創業出身的董事也可算是互補。於是我也有新的成長，發現相對於過去友尚的一言堂，在大聯大的董事會，有其他子集團的董事提出意見，以及獨董的把關，對集團營運確實是有幫助的。

啟發與迷思

友尚加入大聯大，董事會的組成跟以前可說是天翻地覆的變化，這段故事的啟發在於，接班人要有心理準備，接班後的董事會很可能不是一言堂，你會面對不同的意見，應尊重董事並從中學習，有助於集團的營運。

如果公司過去沒有上市櫃，要趁著交接班的時候完成上市櫃，也要留意上市櫃之後，依法必須設置獨立董事。甚至更進一步，不只是依法設置獨董，更尊重其專業，聽取他們對財會、風險管理等領域的意見。對於交接班，這些都是值得注意的重點。

家族成員容易有本位主義，外部董事可成為潤滑劑

為什麼需要獨立董事，甚至對家族企業更重要呢？據我的觀察，尤其在創辦人交棒，企業交接班之後，家族成員擔任的董事往往有本位主義，各有意見。

通常董事之間會爭執，是為了保障本身的利益或權力，如此一來，就很難接納別人的意見。舉例來說，有一項新議案是不錯的，但某些董事為了自身的利益而反對，或基於派系選邊站，為反對而反對，議案就很難推行。

此時，獨立董事身為外部董事，且沒有股份，也不是家族中人，角色便顯得中立。他們容易扮演潤滑劑、和事佬的角色。甚至家族中彼此過去有些心結，沒辦法直接溝通者，反而可跟獨董敞開來談。於是，**在碰到一些議案談不攏、各執己見的時候，獨董更能在檯面下了解真正的原因，進而疏通。**

外部董事有專長，比較中立

由於法令的規定，上市櫃公司必須成立薪酬委員會與審計委員會，甚至連董事長都不能參加。**薪酬委員會至少要包括一名獨立董事，審計委員會更必須由獨立董事組成，而且都有一些專業性、獨立性的資格限制，確保中立。**

以薪酬委員會為例，會評估訂定董事、監察人、經理人的薪酬，以避免董事會決定自己或親人的薪資，會有本位主義或偏頗的問題。

審計委員會則是對企業的重大議案，例如對外投資、增資、併購等對財務及業務影響重大的事項進行審計。他們會跟法務、財務部門詳加了解，這些事項對公司未來的現金流等財務面，是否造成太大影響，站在把關的立場提出意見。這也提高了董事會討論的效率，因為議案的財務影響若已經通過審計委員會的把關，就能快速通過。

慎選外部董事，他們是公司治理的核心

過去台灣企業經常採取的做法，選擇外部董事往往是跟創辦人、經營者有關係的

人，或比較聽話的人，例如同學、朋友等，目的只是為了滿足法令規定。這樣做，其實無法發揮外部董事的功能，對公司治理沒有幫助。

相反地，我認為**外部董事應該找具建設性的、敢講真話的人選，甚至可以從專業角度對某些議案提出反對意見，甚至推翻**。而不是以外部董事的席次作為酬庸，或是專找聽話的人，總以經營者的意見馬首是瞻。

上市櫃公司設提名委員會，成為國際管理趨勢

雖然台灣的法令尚未規定強制執行，但國際上已經有不少國家規定，上市櫃公司要設置提名委員會。會有這樣的趨勢是因為，許多企業經過多次增資，幾代傳承，股權分給子女等過程，早已沒有實質意義上的大股東，各方持股可能都不超過一〇%，甚至更少，相對於過去董事長大多持股五〇%以上的情形，已不可同日而語。

如果股權相對分散，或者就算有大股東，其本身未必具備經營的能力及專業，此時，董事會的組成要如何安排呢？提名委員會的機制便應運而生。換句話說，不是單純以股權來決定董事人選，而是**透過提名委員會，可提名股權不大，但具專業能力的人擔

任董事。即使某人或法人掌握很大的股權，若無相關專業，也可能不會被提名當董事。

一般來說，提名委員會以五人為例，可能三位是獨立董事，一位是董事長，一位是總經理。其權力非常大，甚至可以任免董事長或總經理。也因為權力極大，更凸顯出慎選外部董事、獨立董事的重要性。

提名委員會成為經營權的安全閥

成立提名委員會還有一個好處，可以避免經營者因持股比例過低，導致經營權被外部市場派透過收購股權而奪取。在一些案例中，市場派並不具備經營的專業，奪取公司也不是為了好好經營本業，而是為了炒股或其他目的，對公司的長遠發展不利。此時，提名委員會就可以作為防範大權旁落的安全閥。

在台灣，公司的董事會可以選擇成立提名委員會，其權力也受到相關法令保障。只是目前尚未規範一定要成立，所以採行這項制度的公司，相對有限。

但需注意，依現行《公司法》，在提名委員會之外，有一定持股的股東應也可提出董事人選，但可規定需經提名委員會做一定審核。至於如何審核，及審核的範圍與程度，目前尚不完全清楚，因為《公司法》還未就提名委員會做出規定。

股權與經營權分開，是無勝有利的寫照，也是傳承的典範

說到股權與經營權分開一事，跟我寫這本書的心路歷程有些關聯。我本來覺得自己沒有做什麼傳承，子女都沒有接我的事業，他們只是持有公司股票，可以自行決定要交易或保留，而且他們都去發展各自的人生目標。如此一來，我有立場寫一本關於交接班與傳承的書嗎？

後來進一步思考，我的想法改變了，所謂成功的傳承，未必是交給自己的孩子經營，而是讓後代擁有適當的股權，領取股息，或在董事會扮演適當的角色，經營可以交給別人去做，這也是無勝有利的寫照。二代擁有股權，等於是投資了我創立的公司，投資的目的是為了賺錢，既然如此，未必要自己做。如果專業經理人可以妥善經營，甚至比子女經營得還好，二代領取股息，不就是無勝有利嗎？

將股權與經營權分開，在國外是很普遍的做法。換句話說，**傳賢不傳子，把自己創辦的事業交給專業經理人，可說是放下面子，贏得裡子；或是放下權力，獲得實利，不**

失為一種傳承的典範。

結論：善用外部董事、獨立董事

- 面對家族爭端，一些議案談不攏、各執己見，獨立董事可扮演潤滑劑，更能在檯面下了解真正的原因，進而疏通。
- 薪酬委員會至少要包括一名獨立董事，審計委員會更必須由獨立董事組成，而且都有一些專業性、獨立性的資格限制，確保中立。
- 外部董事應該找具建設性的、敢講真話的人選，甚至可以就專業角度對某些議案提出反對，甚至翻案。
- 透過提名委員會，可提名股權不大，但具專業能力的人擔任董事；即使某人或法人掌握很大的股權，若無相關專業，也可能不被提名當董事。
- 成立提名委員會還有一個好處，可以避免經營者因持股比例過低，被外部市場派在收購股權後奪取經營權。

- 傳賢不傳子，把自己創辦的事業交給專業經理人，可說是放下面子，贏得裡子；或是放下權力，獲得實利，不失為一種傳承的典範。

23 積極整併，組織重整

疊床架屋的控股與分公司

無論是交接班的時候，或是公司成長到某個階段，都要考慮整併。公司發展歷史越久，組織就越複雜，甚至可能有許多分公司、子公司，併購進來的公司等等。

友尚的情況也類似，目前歷史已經四十五年，其實在公司成立三十幾年的時候，就已經算是老公司，組織複雜。因為歷史背景因素，公司的上層有太多層的控股公司，要到海外投資，要經過這一層層的控股，才能進行。

會有這些控股公司出現，往往是因為稅務問題。例如當初在免稅天堂設立控股公司，可以節稅。某些決策當年看來很有道理，但現在看來，時空背景與法令改變，避稅、節稅的效果已經消失，或效益變小，就得花很多時間把這些控股一層層地關掉。

另一種情形，是家族繼承的財務規劃。當初因為遺產稅和贈與稅很高，在海外設控股公司來節稅。但後來台灣遺產稅的稅制修改，稅率下降，這些控股公司也變得需要整理。

而且只要開了公司，就需要安排人員，疊床架屋的組織自然造成更多冗員。除了上層結構，併購進來的公司也需要整併。凡此種種，都成為我整併友尚組織的難題，費了一番手腳，才大功告成！

啟發與迷思

這個故事的啟發是，組織疊床架屋看似不合理，其實可能有歷史背景因素。當時的決策或許是對的，但隨著環境改變，就需要檢討與整併。

其次，開公司容易，關公司難。稅務、冗員如何處理，都是問題。因此在開一家公司之前，或是併購之前，都需要審慎地評估。而在交接班，或是企業面臨轉型、上市櫃的時候，這些複雜的組織與人事，也都成了必須處理的問題。

企業歷史越久，組織越複雜或僵化，冗員可能較多

對於歷史悠久的公司，可能有種種原因導致組織複雜化，有時是難免的。然而開公司容易，要關閉一家公司，往往需要一、兩年的時間清算，結算當地的稅。有些台商把公司設在中國大陸，要關閉也很麻煩。不論是往上層開控股公司，或是為了業務需要在國外或大陸開分公司，每多一家公司就多一本帳，需要多請一些人管理，造成複雜的組織與冗員。

尤其是某些傳統企業，甚至用人頭開公司，整帳的時候就會更困難。這也可能導致組織僵化，因為人頭公司處理起來很麻煩，企業主可能擺著不動，拖延下去，最後它就成為拖累集團效率的殺手。

擬定優退資深員工計畫，人都可以被取代，不要過度擔心

友尚在加入大聯大之前，集團在國內外超過一千五百名員工。加入之後，大聯大的各家子公司互相學習，提升人均產值。友尚經過逐步整併，後來只用了不到一千人，就

能運作同樣規模的營業額。

然而，無論組織整併、整合，淘汰冗員，提高效率，都得面對人的問題。原本的員工不願意離職怎麼辦？**需要設置優退計畫，提供較好的條件給資深員工，員工就可能願意配合，拿到優厚的退休金或補償金，離開公司。**

然而所謂冗員，只是相對的說法。當這些人離開，整個組織瘦身又能運作，就顯得他們像是冗員，卻不代表這些人一無是處。事實上很多老闆會擔心，優退制度讓一些資深員工離開，他們的工作可能年輕一輩接不起來。所幸，我個人的經驗是，只要公司進用人才有層次，當資深者離開，把第二層的拉上來，其實對營運影響不大。

因為資深主管底下有很多層主管，他們主要是發號施令，實際執行還是下一層，甚至下兩層的人在做，往往把下一層的幹部提拔上來，就能順利營運。

善待資深員工及老臣，開創新舞台

資深員工及老臣可能很有價值，因此未必要讓他們優退、離開公司，而是可以為他們開創新舞台。他們會被取代，好像沒有他們公司也能運作，可能是因為在原本的組織裡，那個位置並不能發揮他們的價值，才會像是冗員。

在這種情況下，一方面，我覺得當老闆的要善待資深者，不能過河拆橋，隨意請資深員工走路，否則對組織的向心力會有傷害。另一方面，**資深主管的經驗很豐富，雖然他的原職可以被底下的主管取代，然而轉任到新公司、新事業，或是加入經營服務中心，幫助接班者對各部門聯絡溝通，都可能讓資深主管搖身一變，開創新局。**

及早培養新血輪，做適當的布局規劃

公司面試與培育人才，都要有培養新血輪的概念。舉例來說，現在公司許多主管是五十幾年次的話，後面就要有六十、七十、八十幾年次的新人接續上來。每十年為一個世代，要是上面的人離開，底下就能補上。

在此也要提醒，**人才分幾個層次布局時，上一層與下一層的年齡與資歷不能相差太大，否則會有斷層，導致工作的接手出現問題。**

拆除疊床架屋，用一套帳的架構做整併

由於公司過去的時空背景，導致組織疊床架屋，或是借人頭成立子公司，或成立冗餘部門，這些情況都很複雜，而且組織散落在各地，不易管理。我認為交接班要整併，比較好的方式是抓出粽子頭，釐清各家子公司或部門的從屬關係，該掛誰當負責人，不能出錯，假使本來是借人頭，也要儘快改成正確的負責人。如果遲遲不處理，有朝一日忽然要交接班，就會非常麻煩。

尤其在傳統產業，先前公司規模小，沒有上市櫃，經常有借人頭開公司的狀況，比方用配偶或親戚來掛名，我建議要及早整理。

面對**組織疊床架屋，最好的整理方式就是上市櫃，以準備上市櫃的法遵為由，說服股東及家族成員同意整帳，讓所有複雜的組織都歸入公司的一套帳。當然，這樣會有稅負的問題需要處理**。快的話兩到三年，慢的話三、五年，就能完成整併。這樣做，對於接班者來說好處非常多，有完整的架構，就能層層節制旗下的子公司，不會各自為政。

借用顧問或專業經理人做整併，比較沒包袱

有時候，公司的冗員是跟了老闆已久的老幹部。因為情感因素，老闆想請他優退，或是替他安排其他職務，都開不了口，十分困擾。

此時，一條路是外聘顧問公司來處理，沒有包袱。老闆可以說，不是我要裁撤老員工，而是為了組織整併、讓公司有更好的發展，經過顧問的評估，才做優退或職務調整的決定。

另一條路，是讓專業經理人來做這些事，同樣著眼於他沒有包袱，可以藉由他進行公司內的改革。**讓專業經理人先做組織整併，之後二代再接班，會比較周延。**避免二代接班時將冗餘的老員工優退，可能會讓所有老臣都離心離德，反而不利接班。

但要留意，不要因為顧問或專業經理人沒有包袱，就認為可以無情裁撤老員工，公司仍要照顧員工，提供較優厚的條件或其他舞台，避免使人寒心。

結論：交接班前要做好組織重整

- 歷史悠久的公司，可能有種種原因導致組織複雜化，有時是難免的。
- 組織重整，需要設置優退計畫，提供較好的條件給資深員工，員工就可能願意配合，離開公司。
- 當優秀的資深主管被屬下取代，離開現職，不妨替他開闢新舞台。因為他經驗很豐富，轉任到新公司、新事業，或是加入經營服務中心，都可能搖身一變，開創新局。
- 人才分幾個層次布局時，上一層與下一層的年齡與資歷不能相差太大，否則會有斷層，導致工作的接手出現問題。
- 組織疊床架屋，最好的整理方式就是上市櫃，以準備上市櫃的法遵為由，說服股東及家族成員，讓所有複雜的組織都歸入公司的一套帳。
- 讓專業經理人先做組織整併，之後二代再接班，會比較周延。但也要留意不能過度裁員、條件苛刻，使人寒心。

24 聚焦核心事業，處分非核心事業

交接班應審視非核心事業

企業交接班的時候要特別注意，當公司發展到一個階段，有些產品線發展得不錯，有些卻可能對公司不再重要，需要重新審視、整理。

以友尚為例，我們曾經投資許多公司，有些成功，有些不成功；有些跟本業有關，有些無關。友尚是電子零件通路業，以代理線為主要產品線，經過多年累積，產品線一度有五十幾條，我用二八法則去看，其中只有十條貢獻比較大，大約八〇%的業績，來自這二〇%的主力產品線。

然而，其餘貢獻不大的產品線，卻會占用比主力產品線更多的資源。為何會如此？

因為只要開了一條產品線，就要有一定數量的產品經理（PM），這是必要的編制。可是當它的產值不夠，就划不來。

如何審視並檢討呢？我的做法是設定條件，因為小的產品線還是要養，就像養小金雞，或許有一天它會成為主力。公司不能單單依靠現有的主力產品線，如果衰退，就會失去成長動能。因此，培養小金雞是應該的，但需要設定條件。

以友尚為例，如果代理的產品線，原廠本來的資本額不大，營業額也不高，就算全部交給友尚代理也是很小，要等它長大還要非常久的時間，就不符合我的基本條件。

在友尚發展的過程中，曾以這些條件進行過幾次篩選，保留主力產品線，以及較有潛力的產品線，其餘則裁撤、整併。如此，將公司的資源用在刀口上，更能把小金雞養大，讓整體營收成長。

啟發與迷思

企業經營的常見問題，就是陷入沉沒成本的迷思，開了一條產品線，或投資一項新事業，已經投入下去，即使成效不佳也捨不得關閉。我個人的建議是，應設立合理的評估條件與時間，如果在時間內無法達標，就得下決心處分、整理。

何況，要處分也不是一朝一夕的事，人員不能說裁就裁，都要花一點時間安排。最好在交接班之前提早布局，如果沒有處理，接班人在接班後也要勇於面對。

接班後，重新檢視企業價值及核心能力

企業的發展有時候會走偏，非核心事業的投資做得太多，不見得跟核心能力有關。有時是剛好碰到機會，或出於員工建議、朋友介紹等因素，當時初步評估可以投入，但真正去做一段時間以後，發現對公司核心事業沒有幫助，即使裁掉，對公司發展也幾乎沒有影響。

也有可能這項非核心事業，其實做得起來，但跟母公司想要追求的核心價值無關，此時可考慮把它獨立、分拆出去，賣給別人。

當然，要做出這些決策，得先把公司的核心定位清楚。因此，**接班人正式接班以後，要重新檢視企業的長期目標、願景**。換句話說，企業存在的價值是什麼，發展策略為何，都必須重新確立。

設定長期目標，共同產生策略願景

設定企業的長期目標，不能只靠企業一代、二代少數幾個人決定，需要和重要幹部一起討論，以免陷入迷思，或流於草率決策。

接班後，為達成長期目標，也必須找重要幹部集思廣益，腦力激盪，產生策略願景與執行計畫，一步步地達成。

這樣做，才不會在接班後一味因循過去的做法，而沒有成長。其實創業的一代或許都知道公司的問題，只是受限於心力、年齡，不易採取大刀闊斧的方式改革。這種情況下，就很適合由二代接班人來做。

重新檢視新舊產品與客戶的布局

我在前面的故事提到，用二八法則審視友尚的產品線。也可以說，大約八〇%的業績，來自二〇%的部門、事業部或子公司主力產品的貢獻。其他部門、事業部、子公司的營收占比很小，但占用的資源加總起來，卻比二〇%的主力更多。

為了提高公司整體的營運效率，必須取捨，除了保留主力產品以外，其餘產品可以按照其潛力與未來性評估，是否要繼續投入。一項產品的未來性高不高，可以從行業狀況、營收、市場趨勢、部門發展等面向評估，如果市場夠大，或市場前景可期，只是部門發展還不夠成熟，就可持續投入，耐心培養。

同樣的道理，也可應用在客戶身上，有些客戶目前占公司營收的比例很小，可是客戶的公司規模很大，只是現在跟我們買得少。此時，我們反而會增加更多的人力與資源去服務，花更多的心力去開發。換句話說，**新舊產品與客戶開發的布局，是由市場前景與未來性決定的，目的是養出小金雞，甚至養出新的主力產品與客戶。**

設定條件，割棄或處分非核心事業，活用其人才

相反地，有些公司內的部門，或對外投資的非核心事業，如果長期發展不看好，不符合公司的核心價值，該領域也並非公司核心能力所擅長的，就要考慮放棄。

當然，立即處分或許失之武斷，**為提供緩衝時間，可設定KPI或落日條款，例如要在兩年內達到某個目標，如果無法達成，就要關閉部門，或把非核心事業處分掉。**

當然，這些部門或子公司會有一些幹部與員工，未必不是人才，只是受到大環境或種種因素影響，做不起來。對此，**在處分非核心事業時，不是一刀切地統統裁員，而是把其中的幹部與員工，另外加以活用，替這些人才安排合適的舞台，保留住珍貴的人力資源。**

加大核心事業的投資

另一方面，企業交接班或轉型的時候，不只要處分成效不彰的非核心事業，也要加大核心事業的投資。不投資，可能造成萎縮。

如何判定某項事業值得投資？要以它是否與企業的核心價值、未來願景相契合，來判斷。不能為了節流而節流，**節流、處分非核心事業，是為了取得資源與人才，加大對核心事業、對具潛力小金雞的投資。**

獨立部門運作，布局第二核心事業

即使是公司過去的核心事業、主力產品，也可能面臨變化，或許市場萎縮，已是黃昏市場；或是陷入發展瓶頸，停滯不前。這時候需要布局第二核心事業。

但以我個人的經驗，第二核心事業如果放在原本的母公司，由原有的部門兼著做，不太容易成功。我建議成立獨立部門來運作，甚至成立獨立的公司更好。為什麼？因為原公司既有部門的原班人馬，心力大多放在現有的主力產品，不太可能全心全意投入，把新的核心事業做好。這是人之常情，因為**新事業發展的初期，幾乎不可能對營收有太多貢獻，又要花更多時間去培養，如果讓母公司的原部門兼著做，難免會忽略。倒不如成立獨立部門、公司，宣示發展新事業的決心。**

此外，新事業跟原本的核心事業可能性質不同，管理方式也不同，薪資水準、獎懲制度、開會方式、商業模式都不一樣，透過獨立部門、獨立公司切開來處理，也可以避免許多困擾。

對於家族企業而言，成立新公司，又可以把家族成員放進來，擺平位置問題，比較不會引起其他成員反彈，也能為家族子女製造建功機會。當然，新事業有風險，未必能夠建功。不過塞翁失馬，焉知非福，**某些高調的家族成員，自認懷才不遇，可以讓他獨當一面經營新事業試試看。成功了固然好，表示他真的有本事，值得重用；不成功，未來他的服從性也會提高。**

轉型的必要性，借用顧問或併購力量

為什麼我談交接班，特別強調企業轉型的必要性？因為接班面臨的挑戰很大。越老的公司，其核心事業往往毛利愈來愈低、競爭者愈來愈多，可能是既有產品的生命週期到了尾聲，或是面臨新產品的取代。也可能是在地緣上，產品在本來的產地生產，已經沒有競爭力，需要轉移等等。

因此，交接班的時候，往往也是需要積極轉型的時候。轉型需要花很多時間和心力，不是簡單的事，因此要考慮借助外力。首先是顧問，**企業創辦人或二代，主要心力放在本業經營，對外界市場或趨勢的視野可能沒有那麼廣，可藉由聘請顧問公司，引進外部觀點，看看能否開啟新的機會。**

併購其他公司也是一種方式，有時自己發展新事業，速度太慢。雖然有一些方向，但無法快速取得成果。此時，**因應第二核心事業或公司轉型所需，藉由併購幫助公司取得關鍵技術、產能、客戶與市占率等，不失為一條路。**

結論：接班時要聚焦核心，致力轉型

- 接班人正式接班以後，要重新檢視企業的長期目標，並找重要幹部集思廣益，產生策略願景與執行計畫。
- 新舊產品與客戶開發的布局，是由市場前景與未來性決定的，目的是養出小金雞，甚至養出新的主力產品與客戶。
- 割棄或處分非核心事業時，可設定ＫＰＩ或落日條款，提供緩衝時間。並要妥善安排，活用其中人才，而非一刀切地統統裁掉。
- 處分非核心事業，不是為了省錢，是為了取得資源與人才，加大對核心事業、潛力小金雞的投資。
- 布局第二核心事業的初期，幾乎不可能對營收有太多貢獻，如果是母公司的原部門兼著做，難免會忽略。倒不如成立獨立部門、公司，宣示發展新事業的決心。

● 因應第二核心事業或公司轉型所需，引進顧問協助，或藉由併購幫助公司取得關鍵技術、產能、客戶與市占率等，不失為好辦法。

25 併購及投資的必要性與要點

友尚併購的綜效與故事

以前我不認識併購，也沒想過要做，深入了解之後，才發現併購是很好的策略。於是友尚從二〇〇四年開始，做了很多併購。其中有規模很大的公司；有的規模不大，只是為了開一條新產品線；有些則是香港或大陸的公司。

原來友尚的主力產品線只有兩、三條，經過併購，迅速成長為五十條，發展比較平均，紓解了因為單一客戶、單一產品線占比太大、風險過高的問題。換句話說，友尚可說是一路靠著併購成長起來的公司。

以前我真的不懂，想不通外商花那麼多錢併購公司，到底在做什麼？實際操作後才了解，併購可以產生很多綜效，可能帶來成長的動能、費用的減少、交叉的買賣，產生邊際效益。

舉例來說，以前我們的想法很單純，想要代理一條產品線，直接跟原廠去談代理就好了，也拿到了代理權。可是拿到之後，不代表生意能做起來，因為拿到代理權，不代表買到客戶！本來握有代理權的公司，可能在某些地區建立了很好的人脈，客戶穩定向它採購，我們也搶不走。後來改弦更張，併購這些公司並加上良好的機制，才能同時確保代理權與客戶。

我們也遇過幾次併購不成功的案例，但如果多數併購成功，大規模的併購案也成功，少許的失敗仍可承受。這有點像投資新創，投十家有四、五家賺錢，就已經很好了。因為友尚的併購操作，以不讓本業傷筋動骨為原則，在風險可控的前提下，整體綜效是相當正面的。

從二〇〇四年的年營收六十九億，到二〇一〇年，友尚的年營收超過千億，併購可說是成長的一大主力。後來我們又加入大聯大，二〇二四年的營收已經超過八千億。讓自己併入集團的目的，**就是為了維持公司營運的永續，即使犧牲自己當老二，公司整體卻會更壯大**。集團越大就越穩，依賴單一產品、單一客戶的風險，就更進一步縮小了。

甚至因為集團夠大，執行前瞻性、建設性的計畫如：智能倉庫、ＡＩ、軟體的投資，都可以大家分攤。相反地，如果只有友尚自己一家，執行這些計畫的成本效益不划算，上述先進的服務，可能我們就不會有。

啟發與迷思

友尚的故事帶來的啟發是，併購往往帶動公司的成長。因此，家族企業成立家族辦公室，正式啟動交接班的時候，很可能也需要併購。

相反地，如果對併購有迷思，不敢做，只靠自己發展本業來成長，卻可能曠日廢時，錯過商機。

交接班要善用併購及投資策略做轉型

對於家族企業而言，二代交接班的時候，可能舊的產品線與商業模式開始走下坡，市場飽和甚至萎縮，競爭者也紛紛出現。此時**需要新的產品線與商業模式，讓企業轉型，併購與投資就是取得這些資源的關鍵行動**。甚至需要做很多投資，交接班之後才能繼續成長。

交接班時善用併購與投資策略，創造出有綜效的併購，也會為二代快速建立戰功，受到一代的肯定。若完全不做併購，不敢投資，可能發展會太慢。

分清楚策略投資或財務投資

投資某家公司的時候，一定要想清楚，這是策略投資還是財務投資？有時候難免會想，某項投資勉強跟本業有關係，就定義為策略投資，等到入股之後才發覺整合沒有那麼容易，或者轉投資的公司對母公司貢獻不大，彼此的交集不如預期。

策略投資的成功率不見得高，尤其當你占的股份不是特別大，組織很難整合。假設你只占二〇%到三〇%，甚至一〇%，你以為有一定的發言權，可以讓對方公司把一些資源劃過來讓你運用，或雙方資源互補。但因為兩邊組織不同，會產生許多問題。即使對方公司的老闆很想幫你，底下的幹部卻可能覺得這不是他們的事，因為人與人的問題，導致策略投資搞不定。

所以，在做一項投資的時候，可以定位為「帶有策略性的財務投資」，也就是評估

過獲利前景，即使策略合作不成，也可以轉為財務投資，並不吃虧。意思是我方有一定的獲利與分紅，或是分息、分股票，要是策略合作毫無交集，也不難出場。例如對方是上市櫃公司，可以在市場上賣掉股票；即使沒有上市櫃，也可以透過附買回機制，比方該公司原本的股東以一定的價格買回股票。

投資評估的基準可以是對方的每股盈餘、分息與分紅機制等，如果獲利高於定存，甚至每股盈餘高於你的本業，入股的成本也不高，就可以考慮投資。

做好投資權責的劃分

一般而言，企業內會有負責投資的單位，或旗下另有投資公司。此時要注意，若由投資單位或投資公司去投，即使二代主張這項投資有策略上的意義，事業部的主管卻不見得願意投入時間和心力。為什麼？**因為投資部門跟事業部，他們的KPI與歸屬完全不同**。

此時，若是事業部主管需要花很多心力在策略投資的公司，卻無法增加事業部本業的收入，他就不會投入。因為他花力氣，只是幫投資部門賺錢而已。比較好的方式是，如果找到跟本業高度相關的投資對象，可以由事業部直接投資，或者雖然是投資部門投錢，但由事業部負責成敗，與事業部的ＫＰＩ連動，事業部才會投入。

如果投資與其他事業部都不相關，則可以透過旗下投資公司來進行，或是成立投資基金會，每年定額撥多少錢進來投資。此時，無論是單純的財務投資，或發展有前景的新事業，幫母公司養小金雞，都可以藉由投資公司、基金會來進行。等到小金雞有一定的規模，再切回給事業部負責運作。

另一種可能，原本只是單純的財務投資，因為發展不錯，合作愉快，你加碼投資到一定程度，占的股份已經夠大，能夠成為支撐本業的另一隻腳，或與本業互補，就可以轉為策略投資，讓事業部派出人力協助營運與合作。

新事業投資，可以部分由負責的個人投資

對於新事業的投資，如果二代或家族成員願意的話，有時可拿個人的資金出來投資。常見的模式是公司投一部分，個人占一部分。

理由是這樣的，對於一項新事業，公司內部討論時常見的情形是，大家都沒把握一

定會成功，而且無人負責。沒有內部的人去負責，成功的機率又更小。因為新事業與本業和既有的事業部都無關，乾脆切出去，母公司投資四〇%，想要負責的人自己投六〇%，或者另找股東一起投資，再由主要投資的那位家族成員負責營運。

在家族企業中，未必人人都處得很好，意見也可能不一致，此時那個意見不同的人，可以自己去投資新事業，公司也支持他，投資一部分，等於分拆出去，不失為一種兩全其美的方法。消極來看，可以避免意見很多的人留在內部，造成紛爭。積極來看，或許獨立出去的人很有能力，可以創造成功的新事業。比方某些二代覺得自己在母公司勞心勞力，賺的錢大多要分給叔叔和伯伯這些大股東，自己這一脈的股份反而不多，心裡不是滋味。如果他這樣想，倒不如分拆出新事業，給這位二代出資占大股，自己去營運，讓他放手去發展。因為母公司投資了四〇%，賺了錢也有份，派他去做也是合理的。

這樣做，可以讓二代發展新事業師出有名，母公司占四〇%股份，也有動機調動部分資源支援新事業。如果未來新事業超乎預期地成功，母公司同蒙其利，較不會有怨言。甚至，原本新事業與母公司的業務毫無衝突，沒想到發展到後來，居然起了衝突，這時因為母公司占有相當的股權，反正左手、右手都是賺，也比較容易化解矛盾。

轉投資回收有難度，額度以不傷筋骨為原則

前面講到策略投資如果不成功，可以轉為財務投資。但在此也要提醒，即使有賺錢，轉投資的退場需要時間，不是馬上可以把錢收回來，會不會因此影響母公司的財務運作？投資前需要做通盤的考量。**大部分的轉投資，所投資的企業即使是賺錢，也很難把投資的資金全部收回。**

轉投資的規模也要考慮，當金額太高，如果失敗，可能會對母公司造成衝擊。所以在投資額度上，建議以不對母公司傷筋動骨為原則。

設停損機制，包括本業及投資事業

無論轉投資的公司、新事業，還是本業的事業部，都可能不成功，發生虧損。投資一定有風險。

因此**在轉投資或成立事業部以前，經營委員會要設定停損的機制與條件**。例如多少時間內要損益兩平，虧損不能超過某個金額上限等等。要是觸發了停損機制的底線，也

沒有其他策略考量，外部的投資就要出場，內部的事業部就要裁撤。

結論：善用併購及投資，控管風險

- 交接班時，需要新的產品線與商業模式，讓企業轉型，併購與投資就是取得這些資源的關鍵行動。
- 做一項投資的時候，可以定位為「帶有策略性的財務投資」，也就是評估過獲利前景，即使策略合作不成，也可以轉為財務投資，並不吃虧。
- 如果找到跟本業高度相關的投資對象，可以由事業部直接投資，或者雖然是投資部門投錢，但由事業部負責成敗，與事業部的KPI連動，事業部才會投入。
- 對於新事業的投資，如果二代或家族成員願意的話，有時可拿個人的資金出來投資，好處多多。
- 轉投資的退場需要時間，不是馬上可以把錢收回來，額度太高也可能衝擊母公司的營運。投資額應以不傷筋動骨為原則。
- 在轉投資或成立事業部的同時，經營委員會就要設定停損的機制與條件。

26 借助組織力量與外部顧問，做好交接班準備

大聯大整併的經驗

友尚加入大聯大之後，我擔任大聯大策略長，集團底下當時有七家子公司，營運的效率沒那麼好，我們就打算整合。然而整合的事，其實從我擔任策略長以前就在談了，卻都徒勞無功，可見難度頗高。

但我知道集團一定要整合，如果第一代都談不攏，到了二代或接班的專業經理人，那就更難了。所以我主張，整合勢在必行。既然要做，自己又談不攏，就乾脆花點錢，請外部顧問來協助整合。

然而，我找了集團幾位董事談，卻發現他們多半反對，只有幾個用過顧問的董事

表示可以試試看。反對的理由聽起來也很充分，意思是說，我們很多董事兼各子集團CEO，如此內行，談四年都談不成，顧問公司的人一定比我們外行，怎麼有辦法幫助我們整合呢？

我當時也沒對顧問公司抱太大的期望，但我的說法是，請顧問不過花幾百萬到上千萬，以集團規模來說並不多，即使沒結果，大不了就當作丟掉。何況，請顧問把大家集合起來，總能產生一些共識。即使有爭論，至少讓各家CEO更認識彼此的立場，那也無妨，不算是白花錢。最後，董事們才同意聘請顧問公司。

我們請的顧問公司是IBM，派來一個經理帶著幾名年輕助理，感覺也不是很厲害，但是來都來了，還是花了六天，集結CEO一起討論。後來我才發現，這位經理雖然不是本業，卻也無妨，他們用的是引導的方式，藉由一套標準的模板，來討論轉型與整合。

例如問：你們的行業競爭是否很激烈？是。毛利會不會再提高？不會。開銷會不會增大？會。那麼各位CEO，也就是大聯大的董事們，你們自己覺得要怎麼辦？答案當然是整合，把七家整併成兩家到四家，減少冗員與層級，便於管理，效率更高，成本也會降低。

ＩＢＭ的顧問就再引導，讓我們自己討論，哪幾家整合成一家會比較好？總共要分成幾個子集團？於是我們分組討論，是七家變四家？還是七家變兩家？最後提出好幾套方案，顧問就收回去，幾週以後再談。

幾週後，顧問公司便根據集團企業資源規劃（ＥＲＰ）的資料，對各方案提出評估。例如Ａ公司與Ｂ公司整併，各自營業額多少？人均產值多少？產品線為何？是否有衝突之處？哪些客戶因為整併可能會掉單？把這些資料統統攤在董事們面前，讓我們看清楚優缺點，自己重新討論。經過幾次來回，最後的結論，還是基於我們的專業來做出判斷。

後來我才搞懂，顧問其實是用一些方法引導討論，答案還是在我們自己身上。顧問既是這樣運作，雖然很貴，也是值得的。因為他們可以坐下來花時間，把繁瑣的資料整理清楚，交給我們判斷。如果換成集團內的人來做，大家都有自己的工作要忙，可能就會擱在一邊，幾年都沒結果。相反地，大聯大藉著外部顧問的協助，從二〇一三年九月談到二〇一四年四月，不過半年多，整併已大功告成！

啟發與迷思

家族企業交接班的時候，往往涉及企業的改組與重整。因此大聯大整併的故事，可以對家族企業的交接班帶來啟發。術業有專攻，適當運用外部顧問與組織的力量，往往是很有效的。

常見的迷思，是認為自己很內行，外人不了解自己的產業，拒絕找外援。殊不知外部顧問或講師能夠生存，其實他有自己一套引導討論的方法，而且比較中立，局外者清，不見得要很了解你的本業才能幫助你。

善用會議參與交接班的準備

從大聯大整併的經驗，當然不是說成天開會就一定有結果，但**可以指派家族的接班者或交接班的關鍵成員，參與重要的會議**。

這些會議，可能是關於產品開發、定價策略、業務開發計畫、經營制度改變等，因為對公司的營運很重要，可藉機讓交接班的人參與，表達一些意見。無形中，下一代就了解到上一代如何思考，又可以適時表達與溝通。這個過程就是最好的學習。

為何要參與重要會議？因為**沒有案例的話，即使一代刻意要教，二代也吸收不了**。但如果在會議中，二代看到實際的狀況，也參與決策的過程，他就會學到。甚至透過會議，下一代還能觀察到幹部們的個性、能力、特質，對於未來的交接班有很大的幫助。

我建議有些重要會議，例如策略會議、董事會、變革會議、新產品或新事業開發會議等，一代要「設計」讓二代參與，從旁聽開始，再要求二代表達意見，也不妨在開會前就提醒他，等下可能會點你上台。經過設計的會議，可以讓接班者很自然地銜接。

長期進行策略規劃來確保前進，也可善用外部顧問幫忙

如果不進行策略規劃，只是忙於日常營運，則無法確保企業前進與成長。許多家族企業就深陷這樣的困境，原有的事業沒落，處於市場的黃昏期，或競爭者群雄並起，前景堪憂。

因此，**策略規劃必須有計劃地提早進行，不能一直停留在原本的商業模式，遲早會沒落**。此外要提醒，**策略規劃必須以長遠性質的問題為主軸，不要又掉回短期事務的**

討論。

必要時，不妨聘請外部顧問幫忙。因為企業老闆或幹部對本行固然專業，但人在局中，可能會有盲點；顧問是局外人，反而可能對趨勢看得比較清楚。

善用經營或發展委員會的功能

所謂經營委員會或發展委員會，我認為功能相近，只是各家企業訂的名稱不同，其用意在於，對定期會議訂定主題，讓接班者與相關幹部參與。

例如經營委員會，負責公司的營運策略，就可能由一代來談大方向，二代對較細的項目做些準備，上台報告。會後，可能產生各部門的追蹤事項，也許就由二代或相關幹部按進度執行。要注意的是，雖然經營委員會定期召開，但每次主題不同，如果不追蹤決議的進度，恐怕會無疾而終，不可不慎。

經營委員會定期召開，每次訂一個主題，經過兩、三年，接班者就可以接觸到公司各方面的營運。正式交接班時，對營運的掌握度就會提高很多。

善用顧問，解決問題

問路比找路快。前面提過顧問有引導的功能，也能整理企業ERP的資料做出建議，其實還有一點，**顧問公司最寶貴的，是它擁有豐富的資料庫，甚至全球性的資料，是企業本身所沒有的**。面對企業轉型、整併的議題，當你想要了解市場情況、競爭者狀況，或是其他公司怎麼做，顧問公司的優勢便凸顯出來了。

可以打個比方，顧問公司很像Open AI的ChatGPT，你問他什麼事，很快就能回應你。只是他們不像AI有幻覺，而是根據最新資料庫做解讀，下次會議就可以給你分析報告。甚至討論到某個程度，他們將會議結論與數據倒進某個模型，再跟外部市場的數字比對，就可以產生一套策略。

這是專門的學問，公司內的人未必知道如何去做，即使對自家營運很內行，卻做不出這種分析與洞見，也沒有資料庫。這時候，善用顧問就是很好的解方。當然要留意，顧問並不能幫你做決策，只是做許多比對，提供不同方案的選項，讓你更容易判斷。

簡而言之，**顧問有四大優勢：第一，專業的模型。第二，對市場和業界涉獵較廣。第三，豐富的資料庫。第四，專職人員花時間幫你整理資訊，迅速產出報告。**

顧問是中立的角色，也是潤滑劑

在企業或家族中討論某件事，往往每個人都會堅持他的立場，不管是一代創辦人、伯伯叔叔，還是其他大股東，對同一件事的看法都可能不同。甚至可能為了立場而「選邊站」，某件事明知很有道理，也要反對，因為提案者是另一派。類似這樣不能就事論事的尷尬狀況，屢見不鮮。

此時**顧問的中立角色，對於決策就很重要，因為他跟任一派都沒有利益瓜葛，可以站在中立的立場，提出各人意見的盲點，協調出共識**。若真有解決不了的衝突，會議結束後，他也可以私下拜會有意見的董事，問清楚他真正的想法，公司要怎麼做他才會同意。

此時顧問的角色就像是潤滑劑，例如長輩為了面子問題，不可能去找接班的二代談，二代已經是老闆，也不願低頭，顧問就成為中間人。因為他領了顧問費，這就是他的工作，所有卡關的事他都要設法解決，找出折衷方案，把事情做成。

策略任務可結合MSC或指定專人執行

我也提過，二代接班的頭銜經常掛特助，不利於學習並掌握營運。可以讓二代成立經營服務中心（MSC），建立二代「服務」各部門的印象，容易被老臣接受。**藉由經營服務中心的組織力量，可執行公司策略面的特定任務，例如效能改善、新市場開發、數位轉型等，幫助公司達成長期策略。**

此時，如果是二代當頭，或是未來接班者當頭，就有助於交接班。這類組織不會對原有部門衝擊太大，因為它是以任務為中心的編組，不會占一個要職的缺，影響老臣看重的「位置」。然而各部門的主管又需要配合MSC的任務，二代或接班者可以藉此掌握各部門的運作，並和幹部熟悉，未來正式交接班就會更快上手。

近年企業很重視ESG，某種程度上，企業永續辦公室也跟MSC類似，要處理很多新問題，經常屬於三不管地帶。接班者就能成為「專人」，帶領任務編組解決三不管地帶的問題。

但上述各種安排，有一個重點，在運作初期，企業一代一定要幫忙站台，才會有效果。

結論：善用顧問與組織，著重長期策略

- 可以指派家族的接班者或交接班的關鍵成員，參與重要的會議。實際會議是最好的案例，幫助接班者學習。
- 策略規劃必須有計劃地提早進行，不能一直停留在原本的商業模式中，遲早會沒落。
- 策略規劃必須以長遠性質的問題為主軸，不要又掉回短期事務的討論。
- 經營委員會定期召開，每次訂一個主題，經過兩、三年，接班者就可以接觸到公司各方面的營運，對營運的掌握度更高。
- 顧問公司最寶貴的，是它擁有專業模型、豐富的資料庫等優勢，是企業本身所沒有的，可以善用。
- 顧問的中立角色，對於決策很重要，因為他跟公司任一派都沒有利益瓜葛，可以指出盲點，協調出共識。甚至私下拜會，扮演溝通的潤滑劑。
- 藉由MSC的組織力量，可執行公司策略面的特定任務，例如效能改善、新市場開發、數位轉型等，幫助公司達成長期策略，也有助於交接班。

後記

樂觀積極隨緣，快樂傳承，享受第三人生

曾國棟

體悟層出不窮的問題是正常，忙裡偷閒，適當授權

個人創業已經屆滿四十五年，在過程中經過了風風雨雨的日子，問題層出不窮。解決了資金問題，就出現訂單問題，解決了訂單問題，又出現人才問題……總是有解決不完的新問題。常常夢想有一天問題會解決完，壓力可以減輕，但等了幾十年仍然是新問題不斷出現。最後終於體悟到，層出不窮的問題是正常，除非公司不繼續經營，或自己退休了才會輕鬆。

體會到層出不窮的問題是正常，永遠都解決不完的道理，心情反而變輕鬆。於是，一長二短或二長二短的旅遊，從四十幾歲開始都經常安排。一則忙裡偷閒，平衡身心；一則放手授權給主管，訓練主管獨立作業。後來意外地發現旅遊中沒有太多干擾電話，

甚至於經常在旅遊回來後，業績反而創新高，主管也因此被迫更獨立運作，正是我創業時體會到「人人都可被取代」的道理，也間接促成我提早授權，以及交棒給專業經理人的信心。

不如意事，十之八九，樂觀積極隨緣，盡人事，聽天命

創業的過程起起落落，很努力的事未必成功，抓到的生意也經常又掉了，正是俗話說「不如意事，十常八九」的寫照。所幸我的座右銘是「樂觀積極隨緣，盡人事，聽天命」，所有的事情都朝正面思考，努力到最後一秒鐘，如果最後仍然沒得到或失敗了，就想那可能本不該屬於我的，或者是阿公阿嬤欠人家的，還掉就好了。這個座右銘讓我不會因失敗而沮喪氣餒，反而會很快恢復心情，重新站起來，找尋新的機會。

不同階段更換新的願景，保持熱情及動力

創業過程中能保持熱情、有動力，歸功於「不斷地更換願景，找到努力的動機」。

從最早家裡貧窮，立志要賺錢養家，當時跟太太說：「我只要賺到五百萬，花三百萬買個房子，留兩百萬當退休基金就不幹了。」到後來員工慢慢增多，開始有了社會責任，被逼著往前跑。

後來已經有了車子、房子，開始想能不能讓主要幹部也能買車子、房子，往幸福企業的方向走，所以開始構想上市的規劃，讓員工入股，努力創造好的EPS，讓幹部享有高資本利得及分息，才有機會兌現讓幹部買車、買房的願望。後來公司在二〇〇〇年上市，兌現了照顧員工的承諾。

為了追求永續發展，又甘退居當老二。在二〇一〇年，友尚加入大聯大控股打國際杯，也進行得很順利，大聯大有好幾年是世界第一大電子零件通路商。二〇一五年起將經營權交給友尚及大聯大的執行長，成功傳承給專業經理人，我又開始構想第三人生的生活。

降低期望值，保持動力，一九九五年開始整理教材

因為我的第一、二份工作沒有接受到系統性的培訓，大部分靠自己摸索，覺得很痛

苦，就發願，以後懂的東西要分享給別人。從一九九五年起，我開始搜集資料和案例，聘請了專業編輯，每兩週花兩小時，一邊講新的案例，一邊校稿。共用了六年，花了九百六十萬台幣的經費，完成了六十萬字、共三本的《分享》套書。除了分享給友尚同仁，也分享給同業及外界，後來又陸續出版了八本經營管理相關的書籍，兌現了早年的分享宏願。

「降低期望值」是維持我多年來整理資料的原動力，我的期望值是一百位幹部，有二〇%的人願意看，看了其中二〇%的內容，又用到其中的二〇%，也就是〇．八%的效益我就滿意了，否則早就停筆了。為什麼？因為很多人不想學習，期望值太高會失望而停筆，期望值降低反而能堅持到現在。同樣地，降低期望值的觀念，也可運用在很多管理面向，是支撐我執行事情時的動力。

二〇一九年成立智享會，邀企業界朋友一起來回饋社會

整理完十一本書，就有了基本的教材，開始構想能不能將分享和回饋社會當作第三人生的主軸。可是想到個人所懂的有限，而且有一天也會老，既然想分享，能不能找一

些企業家朋友一起來分享及輔導年輕人，共同完成回饋社會的目標，並創造朋友相聚的機會，一舉數得。

有了第三人生的構想，我開始邀企業界朋友參與，我告訴他們：「有一天半退休或全退休，時間太多，每天只有爬山、看電視，管冰箱、管垃圾桶，小孩子也不一定願意聽你講，會太無聊，浪費過去累積的經營智慧。不如創設一個平台，一起來分享及輔導。」沒想到大家都覺得很有意義，很快有三十六位企業家認同。

於是在二〇一九年底，我創立了中華經營智慧分享協會（簡稱智享會或MISA），現在已擴充到六十多位企業院士，參加上課及輔導的學員已經超過兩千五百人，聽過分享的也超過兩萬人，成為我第三人生的主軸，當志工忙得不亦樂乎。

很多人問我半退休了還那麼忙幹什麼，輔導的學員賺到錢也跟我沒關係，到底賺到了什麼？我說我賺到的是「快樂」，它到底值多少錢我也不知道，因為我很早就體悟到，快樂是由自己定義，自己覺得有意義就能快樂，快樂是為自己，不是為了別人，不用過度在意別人的眼光，也不要為別人而活。

傳承後忍住手癢，享受快樂的第三人生

兩年前因緣際會，在陽明山半山上碰到一位薩克斯風老師，完全沒有預先規劃，就當場決定開始學薩克斯風。從此風雨無阻，每天早上六點半至八點都上山去練習，一方面當作娛樂，一方面當運動，不知不覺成了我的嗜好，也是一天當中最快樂的時光。偶爾跟吹薩克斯風的同好，學義大利文、西班牙文、日文歌，嘗試沒唱過的歌路，也挺有樂趣和成就感。每天都在學新歌，真是快樂的第三人生。

這本書談了許多交接班的心法，有故事與實務經驗，也有紮實的知識含金量。呼應本書每篇都以一個小故事開場的結構，藉著這篇後記，也跟大家分享我自己的快樂傳承與第三人生小故事。找到新的興趣與人生目標，可說是傳承過程中「適當授權、忍住手癢」的重要課題，特別分享給大家參考。祝大家都找到自己的快樂！

第二篇

家族傳承「守」「攻」「傳」

黃文鴻◎著

延續第一篇從企業實務出發，分享創辦人如何調整心態、制度化授權、完成交接班的智慧後，第二篇則由黃文鴻先生從專業顧問的角度，深入解析家族傳承的「守」「攻」「傳」策略，進一步補足制度設計與財務結構上的關鍵操作。第一篇偏重內部經營權交接的經驗與心理調適，第二篇則強調如何以信託、股權結構與稅務籌劃為工具，建立傳承在情感、法律與財務面的全方位規劃。透過虛擬的家族案例，作者提供清晰的架構，幫助企業家從觀念、制度、工具到實務執行，全面掌握家族治理的進階布局，使傳承不只可行，更能長治久安。

前言

做好傳承有多難？創一代與二代傳承的迷思

黃文鴻

父親節是誰快樂？

以下是個笑話，請不要當真，但或許有時候也需要當真。

董事長把公司一位明日之星叫進辦公室，跟他說：

「你進公司的時候只是實習生，一年之內，我把你從實習生升成專員，從專員升成經理，從經理升成協理，這一系列的破格晉升都是因為我看好你的能力和未來的發展潛力。今天你進公司滿一年了，我叫你進來，是想要跟你說，我準備把你拔擢為副總經理。你有什麼話要說嗎？」

這位年輕的明日之星，表情並不驚訝，也不振奮，只是平淡地說：「謝謝。」

董事長忍不住問：「你真的只有這兩個字要跟我說？」

沉思許久之後，年輕人終於開口了：「謝謝你，爸爸。父親節快樂！」

啟發與迷思

傳賢不傳子，還是傳子不傳賢？這是個十分難解的習題。尤其台灣有相當高比例的家族企業，把事業傳給兒子是常見的選擇。然而，傳給兒子真的對嗎？如果女兒比兒子更有能力呢？

要打破迷思，恐怕企業創辦人要先問自己一個殘酷的問題：如果您的兒子與其他人一樣遞交履歷、參與面試，面試時與大學聯考一樣都蓋名處理，一律公平競爭，請問您兒子最後通過層層關卡，通過面試擔任副總或總經理的機率有多高？如果答案是很低，但您還是欽點他擔任總經理，那麼，在殘酷的商業競爭環境中，您覺得您的競爭對手會因為他是您兒子，就對他手下留情嗎？

台灣到底有多少家族企業？

在台灣，無論是上市櫃或未上市公司，保守估計五〇%都是家族企業，如果定義寬鬆一些的話，比例可能高達七〇%。

有些人聽到這個說法可能會反對，認為沒有那麼高，難道台灣有五〇%到七〇%的公司，家族持股都超過五〇%？應該不會吧？確實不會，但我們要考慮到，家族要對企業有控制力，並不一定要持股超過一半，如果其他股東的股權很分散，家族持股只要有三成，甚至更低，就對企業有實質的控制力。這種情形，也可說是廣義的家族企業。

台灣的家族企業比例偏高，是一個不爭的事實。

傳承問題大不諱，或不容人置喙

筆者基於近二十年協助輔導過兩岸三地眾多華人家族傳承規劃的經驗，總結創業第一代與二代對傳承這件事的態度，可以歸納成表2-1這個光譜。

首先，創一代大約可區分為八類。第一類是，好像談傳承就是冒天下之大不諱，很

表2-1　家族傳承接班光譜

一代／二代	大不諱	稍可談，但有自己絕對的想法	可談，也知道重要，但都不動作（我還可以活很久！）	可談，也知道重要，但逃避不敢動手	可談，也知道重要，但說一套、做一套	知道重要也著手好好面對，但方法不對！（嚴厲）	知道重要也請專家好好著手規劃，但執行力差	知道重要也請專家好好著手規劃，按部就班執行
根本就不想接	50%	30%	30%	20%	20%	20%	10%	5%
沒能力接	20%							
客觀條件無法接	20%							
有意願但能力不足	10%							
有意願但心態與方法不對	10%							
無奈	30%							
兄弟姊妹、姊夫、妹婿都接	20%							
有意願、能力強且單純	5%							?

資料來源：磐合家族辦公室

忌諱談接班的事情，這跟華人怕犯忌諱的觀念有關，覺得談接班是不是詛咒第一代有不測，因此不准談。這一類情況最多，約占五〇%。但不談是不是就沒問題了呢？創一代可以長生不老嗎？答案不用說，大家也清楚。

第二類則是稍微可以談，但是聽不進別人的意見，創一代對於如何傳承有自己絕對的想法，別人都不許插嘴。這一類約占三〇%。可是這種情況，傳承的結果就取決於「一個人」的絕對判斷，經常落入重男輕女、傳子不傳賢、所託非人的問題中。

知道傳承重要，卻遲遲不動手

有些企業家知道傳承很重要，也可以談，但遲遲沒有行動。為什麼？這就要說到光譜的第三類，創一代對自己很有信心，覺得我還可以活很久，傳承的事情不急著談與做，可是一旦他突發急病或意外，家族企業就會陷入風暴當中。這一類約占三〇%。

接著是第四類，約占二〇%，就是創一代可談傳承，知道很重要，但就是逃避不動手。這種情況經常發生在家族成員大舉進駐在企業或集團，個個身居要職，這時候，不管他們都做得很好，或是有好有壞，都很難處理。創一代覺得手心、手背都是肉，讓其中一個人接班，其他人都不服、都不開心，很麻煩，於是拖延、逃避。

然後是第五類，也占二〇％，創一代講得都很好，表面上可以敞開來談傳承，也知道這件事很重要，但是說一套、做一套，表面上說要傳，但依舊是大權一把抓，完全不放手，接班當然不會有進展。

認真面對傳承，為何仍不成功？

第六類，約占二〇％，創一代願意交棒，也著手好好面對傳承問題，為何不成功？因為方法不對。舉例來說，許多台灣企業，創一代的問題是太過嚴厲。筆者曾經遇過接班的二代擔任創一代董事長的特助，每天聽到董事長的腳步聲就害怕，甚至鬧胃痛、得憂鬱症，最後逃家退出接班梯隊。

第七類，約占一〇％，創一代知道傳承的重要性，也請來專家好好規劃，但是執行力與效果很差。問題出在哪裡？最常見的是，找來律師、會計師從體制面與結構面設計出理想制度，但與真正落實的差距卻非常巨大。

為什麼？經常的情況是，律師與會計師把制度設計出來，工作就結束，但事實上傳承這件事要做好，需要一步步帶客戶把制度落實，這遠遠不只是制度問題，還包括家族成員關係、情感與心理層面等問題。而這些部分，多數律師或會計師不願管，也無法管，結果空有傳承制度，卻無法實行。

找對專家，按部就班傳承

最後一類，也是唯一成功的，就是創一代知道傳承的重要，也請專家著手好好規劃，能全面考慮到法律、稅務、企業組織，甚至家人的情感與心理，不管是在後代中選出真正的人才來接班，按部就班進行傳承，或是傳賢不傳子，建立良好的專業經理人制度，把企業交給專業經理人經營，而透過適當的股權規劃，保障家人未來的生活。

要達到這個目標，創一代要能先避開前幾類的迷思，不忌諱談傳承，願意接受專家的建議，願意放權，願意及早規劃與行動。但很可惜，能夠真正做到的創一代，在台灣估計只占不到五%。

一代難，二代也很難！

傳承是由兩部分組成的：「傳」與「承」，不只是要「傳」得好，也要「承」接得好。

相對於一代對傳承概念的大不諱，二代目前最大的問題是：根本就不想接！尤其是傳產業，很多二代看著爸媽一路以來艱辛的歷程，對承接家業是能躲多遠就躲多遠！而科技業的情況則是想接都不一定能接，或是根本接不了！科技業接班對能力的要求門檻更高，且因為現代科技疊代速度太快，經營壓力巨大，傳承的難度更高！

另一種常見的情況是，二代大都成長於優渥的環境中，教育背景是音樂或藝術，並長年生活在海外，因此客觀上不可能接班。

「無奈」與「無知」

以上這些不願接與無法接的情況，基本已占二代大約七〇%，那已進入接班的呢？情況又分好幾種。最常見的場景叫「美食節目型」，什麼意思呢？我們每到週末看電視第五十七、五十八台，一整天都是台灣美食介紹，介紹的十家店，有八家都是爸爸或媽媽有一天突然重病，兒子「無奈」地回家緊急救援，最後就這樣把家業接下來了，這種「無奈」型的至少占了三〇％。有些無奈的，後來假戲成真，結果青出於藍，把家業轉型成另一個高峰，但很多是繼續無奈著。

相較於一代教導二代的方法不對，另一種情況是二代面對的態度不對，什麼意思呢？有些二代在處理工作時，總覺得老爸總是在找他麻煩，刻意在刁難他，事實上，殊不知即便是一般專業經理人在正常提案下被老闆打槍的情況也是十之八九，老爸並非刻意針對他，這種心態不對的情況約占一〇％。

公司已朝廷化，每天上演宮廷大劇

老闆各房的子女分別在各事業體任職高階主管，然後這些子女的配偶與姻親們也都在集團公司裡上班，這公司內的人際關係會有多複雜？想必精彩度不會輸給八點檔連續劇吧！而這就更不用談創辦人選集團接班人這件事了。歷史上的案例已太多，唐太宗雖然開啟歷史上著名的貞觀之治，但他其實是殺了哥哥和弟弟才即位的；曹操幾個兒子之間的鬥爭也是極盡鬥智與兇殘之能事。這種眾多孩子與姻親們都已在公司集團內任職的情況是最不易處理的，但可以確定的是，這些種子都是創一代埋下的。

最後，二代有意願、能力強、公司集團內情況單純、創一代又能開明且專業地用對方法，讓二代發揮與接班的，占不到五％。

傳承、接班要成功，如我一開始說明的，不只是要「傳」得好，也要「承」接得好。「傳」能真正做好的，不到五％，「承」也是，兩者的交集更只剩〇．二五％！不到一％。

本書的目的就是希望您能成為那成功的〇．二五％。

結論：避開傳承的迷思

- 不能忌諱談傳承，要「聽」更要「做」。
- 傳承要及早行動，越早規劃，阻力越小。
- 傳承要用對方法，過於嚴厲可能讓接班人心態崩潰，甚至放棄。

- 傳承是由兩部分組成：「傳」與「承」，不只是要「傳」得好，也要「承」接得好。

虛擬案例

陳氏家族

坊間眾多家族傳承的書籍，一則談論太多歐美家族案例，與我們華人文化與實際情況有相當落差，二則流於過多理論，缺乏應用與實務內容，為了避免重蹈覆轍，我特別精心設計了一個陳氏家族的虛擬案例，融合了實務上常見的家族場景，每章節除了先論述重要觀念意涵外，再輔以對陳氏家族案例的解析，俾讓讀者能感同身受，直探問題核心與實務解方。

家族成員關係圖：陳氏家族三代族譜

陳氏家族的成員關係請見圖2-1。

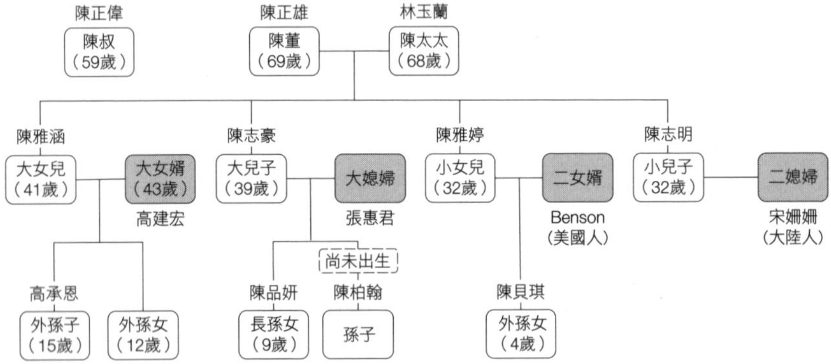

圖2-1　陳氏家族成員關係圖

圖2-2　陳氏集團的事業版圖

陳氏家族背景說明

林玉蘭的丈夫陳正雄是陳氏集團的董事長，台灣鈺雄實業股份有限公司是陳董與陳太太及陳董弟弟陳正偉在台灣一同打拚出來的，至今已有四十一年。隨著鈺雄實業成長茁壯，陳正雄陸續成功創辦另外兩大事業體，偉雄建設股份有限公司及聯創新能源科技股份有限公司，造就如今的陳氏集團。陳氏集團的事業版圖請見圖2-2。

除了事業的成功，陳氏夫妻膝下也有四名在各方領域表現優異的子女，精通會計、財務的大女兒陳雅涵、在金融及高科技行業打滾多年的大兒子陳志豪、喜愛古典樂和對藝術頗有見地的小女兒陳雅婷、攻讀博士致力往學術界發展的小兒子陳志明。四名子女也都順利成家生子，此外大女婿高建宏更是早期鈺雄實業股份有限公司負責業務的功臣。

陳氏集團的事業持續穩定成長，一切都是如此順利！

家族成員介紹

陳董，陳正雄：身為長子，就學時在東吳大學經濟系（夜間部）半工半讀，個性務實、勤勉、高進取心和正能量，白手起家工作以來與人會面從未遲到過，守信用且交遊廣闊並擔任公會理事，近年做慈善，奉獻社會公益，希望自己退休後能有健康、樂齡的社群生活。

陳太太，林玉蘭：個性積極且處事圓融，常懷感恩的心，夫唱婦隨，視忠誠員工為家人，但又有傳統文化的價值觀及偏好，銘傳觀光系畢、精通外語，喜歡接觸各國風土民情，工作之餘，熱愛到世界各地旅遊，與先生共創家族企業，負責紡織廠外銷歐美業務的拓展。

陳叔，陳正偉：已婚，與太太育有一子一女，高職機械科畢業、台灣大學進修學士班，對大哥、大嫂非常敬重，以大哥馬首是瞻。交友廣闊，曾擔任台北市扶輪社的地區總監，與陳董及大嫂共同打拚創業，在家族企業中的建設公司擔任總經理，也讓自己的一雙兒女進入公司接觸經營業務，女兒主要負責藝術空間設計及公司的行政管理，兒子則主要負責工程規劃及發包採購。

大女兒，陳雅涵：四十一歲，已婚，與先生育有一子一女，個性穩健、堅信「創業難，守業更難」的信條。富有責任感，父母因事業繁忙，而無法兼顧家庭，弟妹的日常生活多由她擔待。輔大會計系畢，在家族企業中負責財務，對紡織業的發展、公司營運乃至衣料的材質、上下游的關係都瞭若指掌。

大兒子，陳志豪：三十九歲，已婚，與太太育有一女。

情境一：個性外向，對外界事物充滿好奇，喜歡拓展人脈與創新投資，好勝心強也會展現自己，做事風格講求效率，紐約大學企管系學士、加州大學柏克萊分校碩士，曾在香港投資銀行、國際高科技公司任職，目前在家族企業擔任業務副總，負責推動數位轉型以及企業創新。

情境二：個性內向孤僻，不喜歡拓展人脈與創新，從小書念不好，功課表現差，缺乏自信、好吃懶做。陳董很早就把他帶在身邊，希望多教育與栽培他，歷練特助與大陸東莞廠長，目前在家族企業擔任執行副總，負責推動數位轉型以及企業創新，但成效差。

小女兒，陳雅婷：三十二歲，已婚，與先生育有一女，東吳音樂系、紐約大學音樂研究所畢業，先生為美國人，女兒也有美國身分。個性外向、喜歡藝術、熱愛音樂，心地善良且喜歡低調有意義的生活。目前居住在美國，是紐約愛樂交響樂協會一員，經常隨團到世界各地巡迴表演，喜歡國外的生活方式，對自己的生涯非常滿意。

小兒子，陳志明：三十二歲，已婚，妻子為北京人，目前在美國一家國際高科技公司任職軟體工程師。

情境一：內向、不善社交，心地善良且喜歡低調有意義的生活，哈佛計量經濟博士學位就讀中，追隨自己的夢想及專業，希望致力於學術研究界發展並得到尊重與肯定，鮮少關心家族企業的經營，只想當一位快樂的股東。

情境二：個性外向，善社交，能力強，哈佛計量經濟博士學位就讀中，追隨自己的夢想及專業，目前亦在波士頓一家知名生技公司任職，得到公司很大的器重與肯定，鮮少關心家族企業的經營。

大女婿，高建宏：四十三歲，已婚，與太太育有一子一女，上進、腳踏實地且胸懷大志，具有強烈的成就感和洞察力，有時對岳父的一些決策感到不以為然。希望他人重視自己，不願意被家族潛規則限制。輔大法律系畢業、台大E勢洋結業，從紡織廠的基層磨練出來，擁有豐富的工作經驗。目前在家族企業負責亞洲區業務。

人生無常

正當陳氏集團紡織業務成長迅速，房地產剛好碰上十年大多頭行情，電池新能源產業接到特斯拉（Tesla）大訂單，前景一片大好！

西元二〇二三年二月一日，陳董與陳太太參加了扶輪社的海外旅遊活動，當天在澳**洲的大堡礁浮潛，**陳董熱心地到處幫社友拍照，在活動進行中，**陳太太突然找不到陳董，**眾人在尋找中發現陳董的個人物品散落在船隻邊緣，在船上搜索過程中並未發現其身影，爾後**通知救難隊在海上搜救，最後不幸地在礁岩隙縫中找到陳董，發現時已經仙逝。**

第1章

傳承從防「守」開始

1 家族傳承是否有SOP？

成功的家族傳承，始於全盤布局

家族傳承從來不是單一事件，而是一個複雜且環環相扣的過程。它涵蓋企業治理、資產配置、股權安排、稅務規劃、家族成員關係等多個層面，任何一個環節出錯，都可能影響整體傳承的成敗。

然而，許多企業家對傳承規劃的理解往往流於片面，甚至誤以為稅務或法律文件的安排就足夠，忽略了真正關鍵的問題。更大的挑戰是，當前市場上的家族傳承專業服務提供者大多屬於「兼職」性質，並非本業即是專注在傳承規劃此領域，且又缺乏跨領域整合的能力，導致企業與家族面臨可能的錯誤規劃而難以修復的風險。

本篇文章將從家族傳承的核心問題談起，探討股權結構如何影響企業的永續發展，並剖析目前市場上家族傳承服務的缺陷，進一步提出真正可行的規劃策略。

啟發與迷思

家族傳承一般包含兩個領域，一是家族企業的傳承，二是資產的傳承。要做好傳承，涉及的層面與領域非常廣，並非單一角度能完成。它可能包含家族企業股權結構、遺囑安排、家族成員多國籍、有些家族成員沒有後代、家族成員彼此仇視、境內外資產管理等。

令整件事更複雜的是，這些問題並非獨立存在，而是彼此交互牽連與影響。因此，重點與結論是：傳承規劃必須是整體且多角度的全盤規劃，絕不能單一處理個別元素。否則試問：

- 股權調整能不考慮稅務問題嗎？
- 股權與稅務規劃能不考慮金流嗎？
- 家族成員感情不睦，甚至敵對仇視，信託安排還有用嗎？

- 企業接班人計劃如何能在家族與專業經理人之間取得平衡？

　　這些問題都顯示出一個關鍵點：家族傳承規劃必須是跨領域的整合考量與執行，而這也是目前台灣此方面專業服務的最大罩門與問題。

台灣目前家族傳承服務的困境：缺乏整合與專業深度

　　目前坊間的家族傳承服務提供者，大多屬於「兼職」角色，這種情況導致的結果是：提出的傳承規劃角度單一，經常千瘡百孔，禁不起多角度壓力測試。

　　事實上，家族傳承是一門獨立的學問。這門學問需要投入大量時間與精神仔細鑽研，甚至可以是一門終身研究的學科。

　　家族傳承規劃最大的核心價值在於，在最高的制高點為家族提供傳承戰略的視角與決策建議，整合與協助家族判斷各單一領域服務者提供的意見，判斷是否可行？判斷是否與其他元素相衝突？判斷是否符合家族整體利益？所以，真正到位與深層的家族傳承規劃，帶給家族的價值是巨大的！

筆者總結近二十年的實務經驗，整理出整體傳承框架（圖2-3），形成一個清晰且有邏輯的架構，可以非常簡單地概括完整的家族傳承規劃所涉及的十大區塊。按圖索驥，即可清晰明確地為家族提供其傳承的藍圖。

另一角度是，我常比喻這就像是到醫院做健康檢查，透過X光機或電腦斷層掃描，即可快速發現問題所在。而這個架構就像電腦斷層掃描，能迅速檢視我們家族傳承當前的狀態與問題。所以，概括而言，**家族傳承是有SOP的！**

整體而言分為三大領域：守，攻，傳

防守：傳承從防守開始，包含防守架構的建立、全球稅務籌劃與身分規劃。更細部而言，股權架構調整規劃、各種傳承工具的使用（例如閉鎖性公司、境內外信託、保險等）、婚姻風險的規劃、各國所得稅與遺贈稅之規劃、美國稅的籌劃等，都是屬於防守的範疇。

進攻：一般而言，有家族傳承規劃需求的人，通常是家族企業經營成功，累積了不小的財富。從企業層面而言，公司要永續經營、基業長青，家族才能持續興旺。家族企

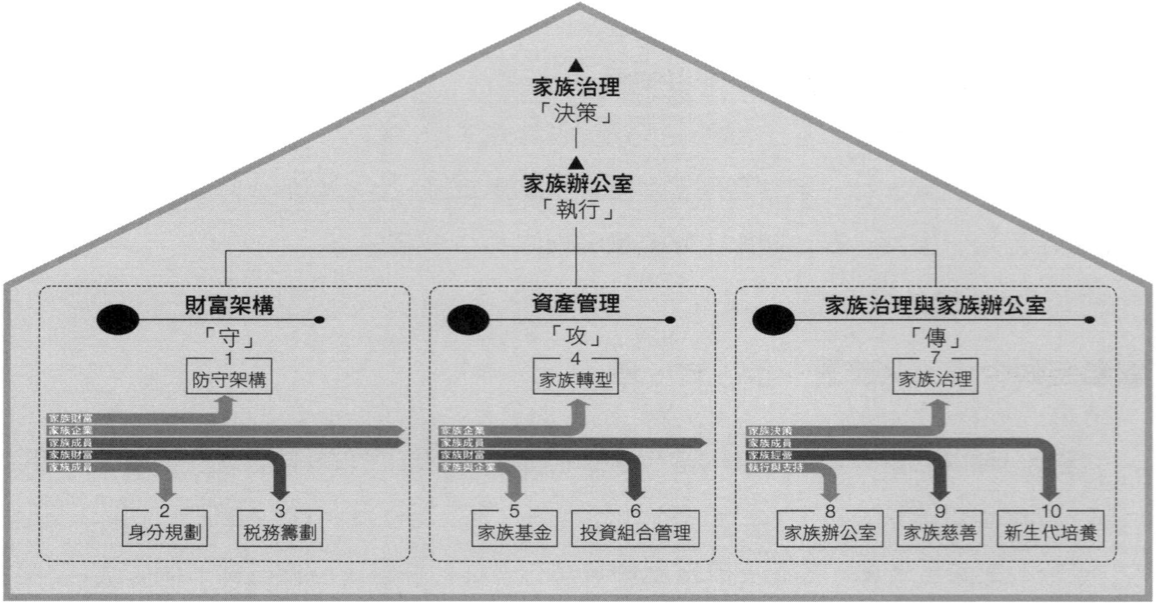

圖2-3　家族傳承的整體框架

資料來源：磐合家族辦公室

業如何基業長青，牽涉到家族投資的戰略布局與轉型。至於家族累積的財富，如何進行妥善的投資管理，是一門大學問！很少人能清楚理解，企業或個人的資產管理，其邏輯與方式有著本質上的不同。如何透過家族基金進行投資組合管理，在後面的章節會與大家深入探討。

傳承：一般而言涵蓋三個面向——**傳什麼？傳給誰？如何傳？**家族憲法主要即在處理與規範這三大問題，而家族治理則是確保這些規範能夠在一定的機制下具體落實。

現在，許多成功企業家都在談「利他」的理念，因為他們深刻體認到，企業的成功來自於社會，取之於社會，因此應當回饋社會。而越是從利他的角度經營企業，最後經常最大的受益者還是自己！許多成功家族因此體悟到，投身公益，對家族永續傳承有莫大的幫助。

最後，每個成功的家族都關心新生代的培養，畢竟，人才是一切的關鍵。

在此我也對曾董事長於本書第一篇談到的章節做概念上的區分，分別可以對應我所提出的架構的哪一部分，請參考表2-2。

接下來，我們即依此「守」「攻」「傳」的架構與邏輯，一一解析十大模塊的基礎概念，並以陳氏家族的模擬案例說明如何實際運用，為其傳承困境提出解方。

表2-2　第一篇與第二篇各文章的對應

第二篇	第一篇
傳的心法	4人人都可以被取代，不放手，孩子永遠長不大
	5授權或交接後，要忍住手癢，快樂傳承
	7交班者學當菩薩，接班者沒事不煩菩薩
	8沒事不要煩菩薩，有事及早求菩薩
	16接班者是有股權的專業經理人
如何傳？	11選對人才，積極培養接班人、專業經理人
	12設好激勵制度，接班者與同仁才會拚
	13設計好接班人與專業經理人的留才制度
	17善用MSC組織與制度做傳承
	19設好分息與分紅制度，接班者有所依循
	21上市櫃有助於傳承，接班或分配資產都有利
	22董監席次的安排，善用外部董事
傳什麼？	15文化與知識經驗傳承是交接班的重要工作
傳給誰？	6接不接班猶豫不決，影響心態

結論：於制高點做全方位的戰略布局整合

- 家族傳承並非單點規劃，而是跨領域的整合布局。企業治理、資產管理、股權結構、稅務籌劃等環環相扣，任何一環處理不當，都可能讓傳承計劃失敗。
- 傳承規劃必須涵蓋防守、進攻、傳承三大領域，確保資產安全、企業永續、家族價值延續。
- 成功的家族傳承，來自於制高點全盤規劃與整合。只有站在制高點，審慎布局，才能確保企業與財富世代相傳。

2 傳承規劃「守」的起手式：股權結構規劃

家族傳承經典案例：某知名集團

某知名集團總裁甲先生去世前留了一封遺囑，寫明了所有的存款、股票與不動產，全部由四兒子單獨繼承，且直接欽定四子接任集團總裁，並囑咐三位集團副總裁要全力輔佐接班與集團事務，「讓四子能順利接班集團總裁」，但後續實際的情況呢？是四兄弟經由股東會與董事會不斷爭奪集團總裁的大戲不斷地登上各大媒體頭條頭版。為什麼事後的發展未能照著創辦人甲總裁的意願走呢？真正核心問題在哪裡呢？

啟發與迷思

家族傳承的核心——股權結構才是關鍵！很多人問我，家族企業傳承規劃的核心是什麼？答案很簡單，是**股權結構規劃**。很多專家在做規劃時都畫錯重點，例如把家族憲法、家族情感、身分與稅務擺在最前面，我認為不是如此。

在幾乎所有的演講中，我都反覆強調與提醒聽眾，傳承規劃最怕的是什麼？是創辦人自己「一廂情願的如意算盤」（wishful thinking）：心中想的跟現實有極大的差距。會如此，通常是基於兩個原因：**自我的盲點與自我欺騙**。

我反覆強調，傳承規劃最重要的原則是**「規劃要禁得起壓力測試」，也一定要做壓力測試！**大原則就是：**「以最好的準備應對可能的最壞情況」**（Best preparation for the **worst scenario**，出自十九世紀英國保守黨首相班傑明．迪斯雷利〔Benjamin Disraeli〕）。不幸的是，現實情況大多相反。

前述某知名集團就是最好的例子。綜觀甲總裁的遺囑，有兩大重點：

一、所有的存款、股票與不動產全部由四兒子單獨繼承；

二、四子接任集團總裁，並囑咐三位集團副總裁要全力輔佐接班與集團事務，「讓四子能順利接班集團總裁」。

最後甲總裁表示，「願眾子女及孫輩們皆能和睦相處互相照顧」。這代表了所有創一代的心願，卻也只是個「一廂情願的如意算盤」，有哪一位創一代不希望自己後代子孫「家和萬事興」呢？

某知名集團傳承的現實挑戰

先不論甲總裁對資產分配的想法（因為雖然遺囑中寫明所有資產都要給四兒子，但現實的情況是，許多資產在他生前已經移轉給其他子女），甲總裁對集團接班人的想法是非常明確的，就是四兒子！

但之後，現實的情況是，四個兄弟不斷合縱連橫，一下子大哥取得兩位弟弟的支持當上集團總裁，一下子又是兩位弟弟倒戈支持四兒子，拉下大哥。沒多久大哥又取得多數……這齣戲大約是每季翻新一次……

表2-3　某集團家族成員的持股

	大女兒（歿）	大兒子	二兒子	三兒子	四兒子
集團海運公司	2.11%	7.75%	3.17%	4.23%	0.01%
集團航空公司			1.24%	1.94%	0.3%

為什麼會發生這樣的情況？原因非常簡單：股權安排出了問題！甲總裁離世當時，家族成員的持股情況如表2-3。

持股不足的影響：接班人未必能順利上位

請問：即便甲總裁去世時，身上所有股權（海運公司六%，航空公司二．九二%）都順利移轉給四兒子（暫不考慮特留分問題），四兒子就能順利、安穩地當上集團總裁嗎？答案很清楚，不是的！為什麼？因為持股不夠多。

聰明睿智如甲總裁，他身邊肯定有一群律師、會計師、法務長。甲總裁所寫的遺囑，不用專業人士，一般人就能羅列出一堆法律與稅務問題。那麼，當時都沒有人提醒他、告訴他這個問題嗎？我認為答案顯然也不是。

這種情況，在筆者近二十年的實務經驗中經常出現，原因很簡單：**創辦人大多陷入「一廂情願的如意算盤」**，即「**自我的盲點與自**

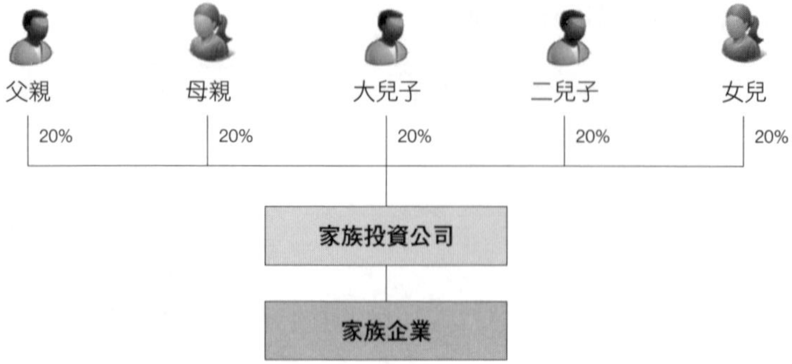

圖2-4 典型的家族企業股權結構

我欺騙」。這與「以最好的準備應對可能的最壞情況」正好相反。

最後，甲總裁的大兒子為家族企業傳承之道下了一個可流傳千古、堪稱教科書等級的結論：「兄弟股份相當，理念不一，父親去世，分家就成定局！」

這句話的重點在於：「兄弟股份相當，理念不一。」「理念不一」是一定的，這是人性。天底下沒有兩個人的想法會完全一樣，就算今天有，也不可能十年、二十年後都還一致，更不用說到第三代、第四代。

下一個關鍵問題是：請問，你們家族企業的股權結構是不是也是「兄弟股份相當」？家族內有幾個成員，股份就平均幾份？至少九〇%的家族企業都是這樣，所以結論也很簡單，大概又變成另一個「某知名集團事件」。

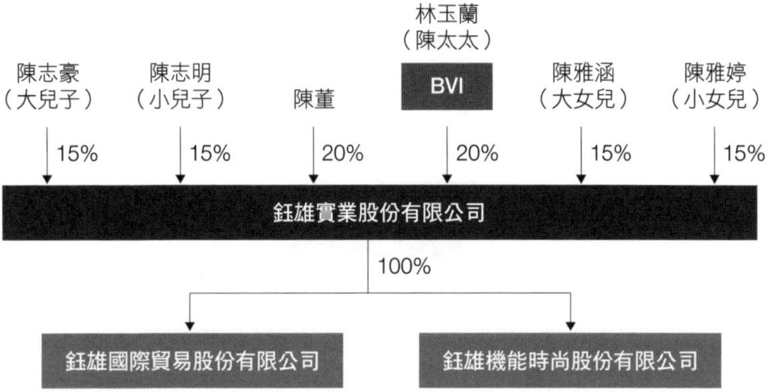

圖2-5　鈺雄實業股份有限公司的股權結構（台灣）

圖2-4是大部分家族企業的股權結構（省略了個人直接持股與多家家族投資公司的部分）。這樣的例子實在是太多了，例如：○同、○山、東○、○○王、香港○記、李○記等，都是如此。以下是虛擬的陳氏家族案例。

陳氏集團股權結構

假設陳氏集團台灣、大陸、越南公司的股權結構分別如圖2-5、圖2-6與圖2-7。

股權結構：台商家族企業的關鍵挑戰

這是**典型台商家族企業的股權結構**。如果**陳董生前**諮詢我的意見，協助他進行傳承接班計

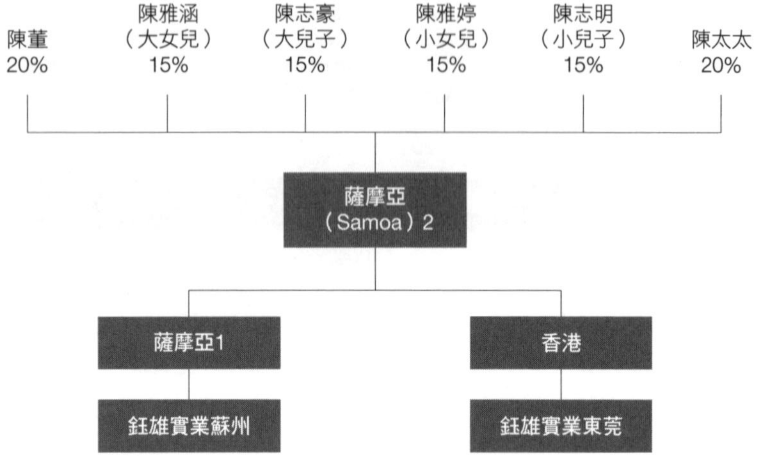

圖2-6　陳氏家族紡織公司持股架構（大陸）

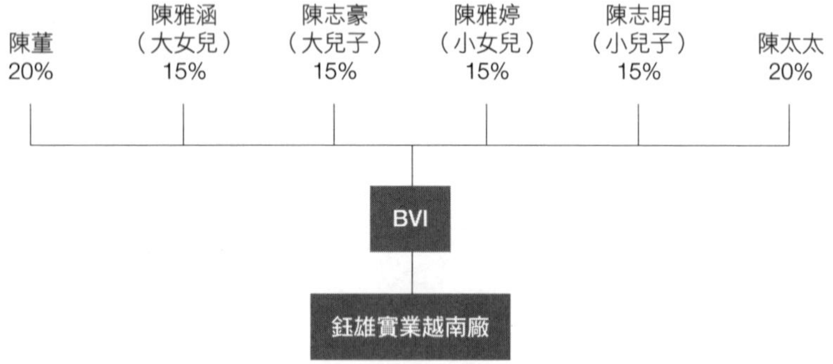

圖2-7　陳氏家族紡織公司持股架構（越南）

劃，我第一件事會與他討論的，就是調整股權結構。具體來說要如何調整？這部分我們將在接下來的文章深入論述。

設計好接班人與專業經理人的留才、股權激勵制度

前述談的都是家族成員持股的結構問題，也是需優先解決的核心，但處理完家族層面的，公司層面還必須再用心規劃接班人與專業經理人的股權激勵制度。一方面提供投入接班的家族成員適當的獎勵誘因，一方面激勵專業經理人、高階主管團隊為家族企業長遠貢獻，以上在本書第一篇第二章〈設計好接班人與專業經理人的留才制度〉一文中有詳細論述，如此搭配良好的股權激勵制度，可以增加同仁動力，人才發展穩定，向心力強，並設計「三七分潤」制度給投入接班的家族成員，甚至鼓勵家族成員內部創業，將事業部分拆為獨立新公司，設計幹部入股機制，形成家族與公司非常健康、完整的永續傳承股權結構。

結論：股權結構規劃是家族傳承的基石

- 家族傳承規劃有千百件事要做，但第一件事是什麼？最重要的是什麼？答案就是**股權結構規劃！這件事沒處理好，其他所有理想與規劃**都是空談。
- **家族傳承規劃的關鍵原則：「規劃要禁得起壓力測試」，也一定要做壓力測試！**「以最好的準備應對可能的最壞情況」。
- 兄弟股份相當，理念不一，父親去世，分家就成定局。

3 股權結構防「守」利器：股權信託

家業長青的關鍵布局：從信託架構談股權集中與家族治理

一般我們談家族永續傳承，隱含的前提就是希望家業長青，希望好不容易篳路藍縷創造的成功企業能一直延續下去。一般成功的家族企業，創辦人與家族大都能理解一個重要原則，就是「**企業利益大於家族利益**」。道理很簡單，覆巢之下無完卵。家族能累積這麼多財富，主要都是來自於企業的成功。

企業如何持續成功，這是經營管理學的問題，大家可以閱讀曾國棟董事長的相關著作。但家業如何長青，則多了家族本身這個因素。很多學者、專家對古今中外的歷史做了很多研究，尤其是歐美與日本許多經營數百年的家族企業，為什麼他們能持續興旺這麼久？有個相較普遍的共識與結論是：**股權集中不分家**。

啟發與迷思

舉凡德國默克（Merck）家族、愛馬仕（Hermès）、宜家（IKEA）等等，都透過家族控股公司、信託、基金會等架構來集中家族持股，讓股權不會因為家族成員愈來愈多而切分得越細，甚至流出至非家族成員。**這根本的道理是，相信團結力量大，資源集中能做更多事，資源與力量分散了，很容易就灰飛煙滅了。**

這個道理基本上應是對的，但實際上每個人想法不同，結婚生子後想法更多，每個家庭立場與利益點都不同。如何運用一個好的工具與架構去兜攏所有人，建立一套機制與遊戲規則，在眾多家族成員中異中求同，凝聚家族力量，著實不易。**目前我們最常用的工具是信託與閉鎖性公司這兩個工具**。

信託的角色與筆者的實務經驗

我先從信託談起。

信託現已是境內外家族財富傳承普遍運用的工具，但現實上很少人能用簡單易懂的語言講明白，它是怎麼一回事？筆者早年到荷蘭留學時，當時學校有一門課程就是信託規劃。授課老師是一位在荷蘭安永（EY）執業多年，幫許多歐美富豪家族做過信託規劃的會計師。筆者當時就被課程內容深深吸引，覺得非常神祕有趣。但畢竟是在學校授課，許多關鍵技術與客戶真實情況都是不能公開講解的。很幸運的是，我的職業生涯很早就進入了當時新加坡最大的獨立信託公司。我從主管台灣市場，很快又進入與掌管整個中國市場。因此，我從最核心協助過兩岸三地大家族做過很多信託設立與規劃，加上我本是法律與國際租稅專業背景，因此，我做的信託在深度與廣度都很全面。

信託在普通法系已經有數百年的發展歷史，因此累積了很多判例法，是一個高度成熟的法律工具。在國外，信託律師是一個非常賺錢的專業。認真探究信託這件事，會發現它非常複雜，但基本原理卻也很容易理解。基本架構如圖2-8。

信託的基本運作機制

簡單來說，客戶（委託人）將資產（通常是公司股權）的所有權移轉給信託公司（境內或境外的信託公司），並與信託公司簽署一份信託契約（trust deed），以規範彼

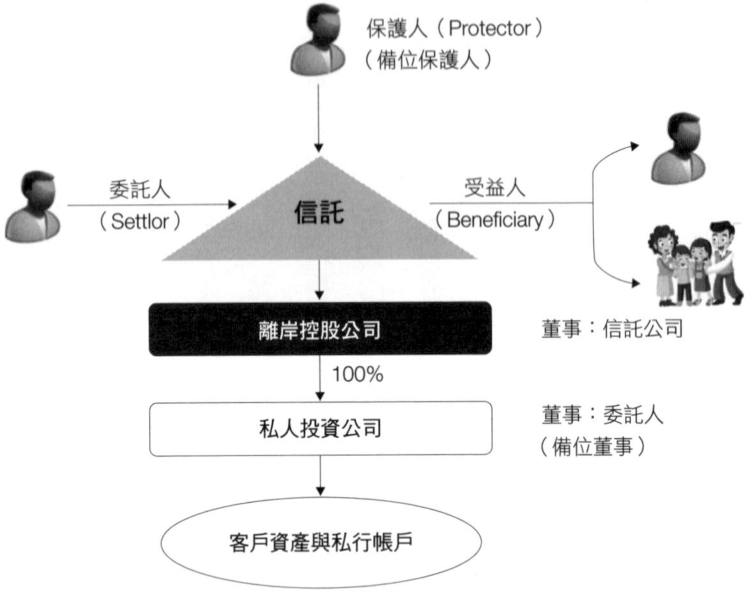

圖2-8　信託的基本架構

此之間的權利與義務關係。本質上，這份契約約定信託公司如何管理委託人的資產，以及在委託人生前與身後，如何將資產的收益與本金分配給受益人。

在信託架構中，有一個特殊且關鍵的角色，稱為保護人（Protector）。這個角色通常具有兩項重要權利：（一）**監督機制**——有權解任（fire）或撤換信託公司，確保信託管理符合委託人意願；（二）**受益分配控制**——受益人獲得資產或收益之前，必須經過保護人的同意。由此可見，保護人至關重要，那麼，您會希望由誰來擔任這個角色呢？通常是您自己（也是委託人），或是您的配偶，而此保護人也可以設立備位機制，也就是可以設定第二、三順位保護人。

此保護人另有一重要功能，就是**行使投票權**，當信託持有的資產是上市公司股權時，投票權的行使通常由保護人掌握，因此，保護人由誰擔任，通常他也掌握了公司控制權。

綜上而言，保護人代表著信託的一個核心作用：經營權與受益權分離。曾董事長在前面〈經營權與股權分開的思維〉一文所談到的「成功不必在我，分息大家都有份」就是這個道理，**無意願或能力不足的家族成員無需也不宜去爭奪經營權，讓真正有能力的人（不一定是家族成員）去經營，其他人當信託受益人（類似快樂股東）即可。家族成員如能體悟曾董事長於前文闡述的「無勝有利」概念，適才適所，做自己適合與想做的事，很可能更能在家族企業外開創出自己的一片天。**

以上是信託於企業股權與經營權上能發揮的作用，有關信託的另外三個功能：「靈活的傳承安排」、「資產獨立、保護」以及「婚姻與移民前規劃」，我們在後面詳述。

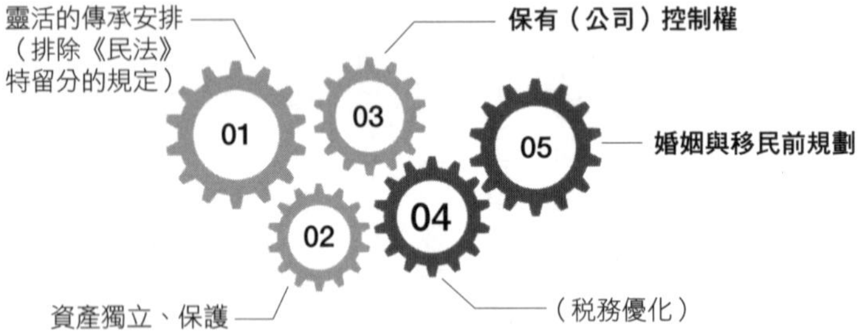

圖2-9 信託的四大功能

信託的四大功能

基於上述架構，信託具備四大功能，請見圖2-9。

信託與稅務優化的關係

圖2-9中，為什麼「稅務優化」要加上括號呢？因為**信託理論上無法達到節稅的效果**。全球絕大多數國家對信託資產課稅都有詳細的規定，且在法律上，當委託人將資產移轉至信託公司時，是屬於贈與行為，應依法課徵贈與稅。因此，早在二十年前，筆者與客戶談信託時，便強調**信託不應被視為逃稅或避稅的工具，它最重要的核心功能是：傳承安排**。

為什麼我總是說「理論上」？原因在於，許多信託是**在國外設立，由於海外資產的稽查較為不易，許多客戶未**

主動申報，進而達到規避稅負的效果。然而，這種情況在二〇二四年七月財政部發布新的解釋函令後，又有新的變化了。**此函令要求海外信託公司若作為台灣稅務居民資產的受託人，應將相關資料提交台灣國稅局並做稅的代扣繳，如此客戶在海外的信託資產不但全部曝光，還要繳稅，衝擊相當大！**

陳氏家族的股權傳承問題

了解完信託的基本原理與功能後，我們來看看陳氏家族的情況可以如何運用。陳氏集團公司股權結構請見上一篇的圖2-5、圖2-6、圖2-7。

陳氏家族集團的股權結構，在傳承上有什麼問題？這要先回到一個前提性問題：**陳董心中的集團接班人選是誰？他的理想傳承藍圖是什麼？**簡單來說，**所有的規劃都應該看齊最終的理想目標。**

陳董是一位思維傳統的人，重男輕女。雖然大女兒很早就進公司幫忙，掌管公司財務，既專業又稱職，將公司財務打理得井井有條；大女婿則掌握了公司前五大客戶，與客戶關係密切，並對集團總經理職位抱有企圖心。然而，陳董仍然認為唯有大兒子才是接班的不二人選，更何況大兒子的學經歷各方面都相當優秀，因此，他心中的接班人選是很明確的。

股權結構的最大問題：家人股份相當，理念不一

目前，陳氏家族集團股權結構最大的問題就是：「家人股份相當，理念不一，父親去世時，分家就成定局！」這個道理在前文已經詳細剖析，不再贅述。但可以確定的是，**以目前的股權結構來看，一旦父親去世，大兒子若得不到其他兄弟姊妹的支持，他是當不了集團總裁的**。即便當上了，他每年也要戰戰兢兢，因為一旦大姊的想法改變，私下尋求其他弟妹甚至外部人士或陳叔的支持，一場腥風血雨的爭奪戰就準備上演了。

- **股權分散後，任何一方若聯合外部勢力，可能會引發家族內部鬥爭，甚至導致公司治理權旁落。**
- **最終結果，很可能是企業陷入腥風血雨的內鬥，嚴重影響經營穩定性。**

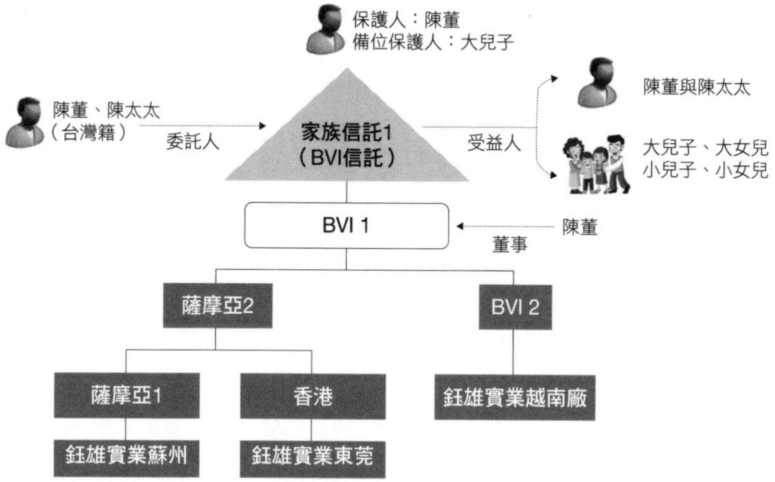

圖2-10　建議陳氏家族採用的信託結構（大陸、越南）

解方：信託架構的應用

信託在此就派上用場了。我會建議採用圖2-10的架構，透過信託達成以下目標。

一、持股從分散在家族成員身上，改為集中由信託持有，達到持股集中且**「經營權與所有權分離」**的目的。

二、此架構的關鍵安排在於保護人由誰擔任？因為集團股權集中後，投票權（經營權）的行使可以集中在保護人身上，排除掉原本股東眾多的情況。陳董在世時，由陳董擔任；陳董去世時，由大兒子（陳董屬意的接班人）擔任。**如此即確保接班人已在法律上預先安排好，並確保權利（經營權）交接到大兒子身上。**

三、其他家族成員單純擔任受益人，享受家族企業經營的成果，但無法干涉經營。

四、受益安排亦可搭配家族憲法與家族治理，做各種條件上的設定。

五、如果陳董希望在集團核心經營團隊與決策（董事會）的安排上能更多元化、擴大深度與廣度，而不是將大權完全交由大兒子一人，那他**可以進一步將此架構搭配家族憲法，將家族董事會與信託保護人委員會融合**。

六、原本的股權分散在家族成員身上，若有任何人離婚或離世，將導致股權流出至非家族成員（抱歉，我們暫且把配偶視為非家族成員）。這是陳董不願見到的，股權集中由信託持有後可完全排除此問題，此對家族企業永續傳承有很大的作用。

七、原本的股權分散在家族成員身上，假設有一天，大姊、大女婿與大兒子翻臉，但接班的是大兒子，大姊在極度憤怒下一時做了一個不理智的決定：把她的股份賣給陳氏集團的競爭對手。這是有可能發生的（古今中外已有很多例子），信託架構也可以避免此情況發生。

八、境外公司（ＢＶＩ、薩摩亞等）股份若發生繼承事件，**股份繼承的法律問題異常複雜，會涉及ＢＶＩ、薩摩亞等當地的法律問題**，需進入當地法院進行遺產認證程序（probate，又稱遺囑檢驗程序），境外資產也會被凍結，整個集團運作會出現很大的危機與空窗期。股權置入信託後，由信託公司持有，可避免此問題。

九、原本的股權分散在家族成員身上，任何一位離世，此股份都產生**複雜的繼承法律與稅務問題，而且是多國，而非單一國的法律與稅務問題**。但將股權置入信託，由信託公司持有後，因為此股份已非個人資產，即可避免此繼承法律與稅務問題。

十、陳董的新能源電池的投資，未來很可能在香港上市，更有必要做信託的安排。可能的架構如圖2-11。

以上是信託架構大致上擁有的功能與可以達到的效果，但是在架構設計與執行細節上，它存在很多法律與稅務問題，需進行很多微調與處理。上述只是一個簡化過的說明，請讀者理解。

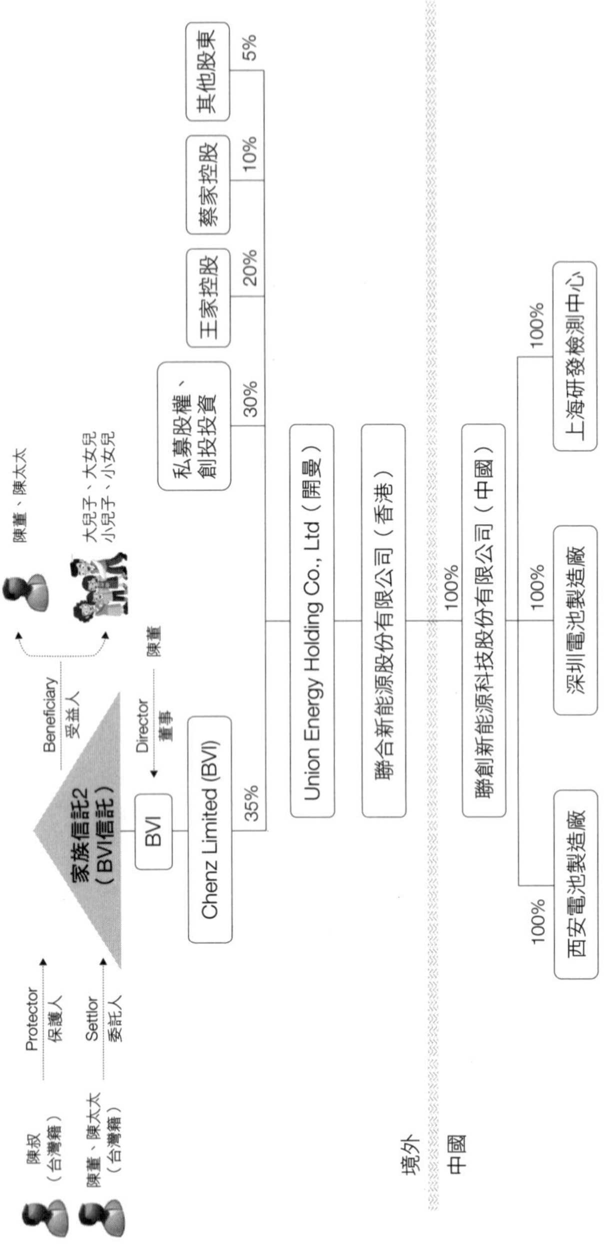

圖2-11　建議陳氏家族採用的信託架構

結論：信託為家業長青提供基石

- 無意願或能力不足的家族成員無需也不宜去爭奪經營權，讓真正有能力的人（不一定是家族成員）去經營，其他人當信託受益人（類似快樂股東）即可。家族成員如能體悟曾董事長前述「無勝有利」的概念，適才適所，做自己適合與想做的事，很可能更能在家族企業外開創出自己的一片天。
- 家族企業要永續成功，關鍵在於避免股權分散及內部紛爭。信託架構透過集中股權、管理權與經濟利益分離，可有效避免治理危機、股權流失，實現家族傳承的穩定性與持久性。
- 信託不應被視為逃稅或避稅的工具，它最重要的核心功能是：傳承安排。
- 信託架構的關鍵安排在於保護人由誰擔任？因為集團股權集中後，投票權（經營權）的行使可以集中在保護人身上，排除原本股東眾多的情況。此可進一步結合家族憲法，設置保護人委員會，由一群人來行使公司經營權，而不是單一個人。

4 「守」住家族資產：信託

守成登天難

家大業大，辛苦打拚了一輩子所累積的財富，我們總希望孩子們能珍惜，但似乎大都事與願違。我有個客戶，將大筆財富放在新加坡，每次去新加坡私人銀行辦完事後要回飯店，連計程車都捨不得坐，說搭公車比較省錢，就更不用說去高檔餐廳吃大餐了。但看他們家的孩子，個個手上都是名牌包，跑車一年換一部，花錢毫不手軟，為什麼差異這麼大呢？

啟發與迷思

古今中外的創一代大都是篳路藍縷、含辛茹苦地打拚，但在教育二代上，華人父母絕少讓孩子吃到苦，再苦也要自己扛下來，但造成的結果是，兩代之間對錢與財富的感知程度是天差地遠的，因此造成了二代連要守成都難，更不要說創業家精神，有些更慘的交到壞朋友，沾染上惡習，吃喝嫖賭樣樣來，那就敗得更快了！不幸的是，人要墮落遠比要奮發向上容易得太多了。

如何把家裡的財富鎖在城堡裡堅固地保護著，不但能細水長流，還能進一步發揮正面鼓勵的作用呢？答案是，除了重視教育外，可以好好考慮信託這個工具。

信託的四大功能

信託是進行家族傳承規劃時最常使用的核心工具，前文主要探討它在家族企業股權集中、不分家的應用，本文則將說明信託的另外三項重要功能：「靈活的傳承安排」、「資產獨立、保護」，以及「婚姻與移民前的規劃」。（請參考圖2-9，第二九四頁）

靈活的傳承安排

信託能發揮的功能，基本上都源於它的本質。簡單來說，客戶（委託人）將資產的所有權移轉給信託公司（境內或境外的信託公司），並與信託公司簽署一份信託契約，以規範彼此之間的權利與義務關係。本質上，這份契約約定信託公司如何管理委託人的資產，以及在委託人生前與身後，如何將資產的收益與本金分配給受益人。信託的基本架構請見圖2-8（第二九二頁）。

因為資產的所有權已經從委託人（客戶）身上移轉給受託人（信託公司），這個本質上的變化，產生了以下三大作用：

一、委託人（客戶）去世時，因身上已無資產，也就沒有遺產，因此無《民法》特留分的適用。

二、委託人（客戶）去世時，因身上已無資產，沒有遺產，因此沒有遺產稅。（需注意的是，如成立的是國內信託，則資產在一開始進入信託時須繳納贈與稅。）

三、委託人（客戶）因身上已無資產，因此當有債權人來主張清償債務時，會產生資產隔離與保護的效果。

如果沒有事先做任何規劃與安排，當我們「跟上帝喝咖啡」的那一刻到來時，我們的資產主要將依《民法》繼承篇的規定，分配給合法繼承人。即便我們留有遺囑，問題依然很多，例如：

一、《民法》繼承篇與遺囑的分配方式，皆為一次性，若家族資產龐大，後代一次性取得巨額財富，潛在風險極高。例如：容易揮霍、不知珍惜，短時間內耗盡資產。又或者遺族中若有成員嗜賭成性，即使家產再多也難免敗光。

二、古今中外已有太多血淋淋的案例可證明，若龐大家產未事先妥善規劃，家人之間為爭產反目成仇，甚至鬧上法庭或釀成生命衝突者所在多有。

三、某些家庭情況特殊，若子女中有人行為極度不孝，違反倫常，《民法》中關於「特留分」的規定對大家長可能難以接受。

四、有些家庭存在二婚、三婚情形，家庭成員之間的關係與利益糾葛複雜，若僅依

《民法》繼承篇規定分配家產，極可能造成家人之間嚴重爭執。

五、某些家庭情況特殊，除自身子女外，還可能有姪子、姪女等情同親生的親人，若僅依《民法》繼承篇分配家產，將無法兼顧對這些親屬的照顧與安排。

簡單說，《民法》繼承篇的界線與限制是很大的，但信託可以解決這些問題：

一、資產一旦進入信託，可以像水龍頭一樣控制出水量，控制分配給受益人的節奏，而不會像繼承與遺囑只能一次性地全額分配。

二、不但可以控制出水量，還可以設定條件，例如達成一定成就給予額外獎勵，發揮激勵效果。

三、由於「水量」是可以控制的，因此可以澤被好幾代。例如洛克菲勒老先生（**John D. Rockefeller**）設立的一九三四與一九五二家族信託，現在還照顧著家族成員第八代！而且信託裡的資產依舊是富可敵國。如果當初的資產沒有進入家族信託，除了之後美國羅斯福總統（**Franklin Roosevelt**）頒布實施近八〇%的遺產稅外，家族資產很可能不到第三代就花光了。

四、信託受益人的設定是很厲害的武器，除了可以避開《民法》特留分的規定，排除不孝子女外，更可以結合家族憲法形成完整的閉環系統（但此於國內信託無法做到），同時亦可將《民法》合法繼承人以外的人加入受益人之列。

五、由於信託規劃大部分是在生前完成，讓後代清楚知道我們整體的布局與想法後，並配合家族治理的努力，很可能避免後代為爭產而反目成仇。

六、有些時候因為家產龐大，家族成員中總有人對於受益分配方式不認同，因此提出訴訟。爭產方式大都是對信託發動各種官司，希望打破信託，但古今中外已有太多案例證明，信託要被擊穿的機會很低，大多還是能貫徹委託人的意志來執行。

資產獨立、資產保護

在美國，有幾種職業的人通常都會設立信託，例如：醫師、會計師。為什麼？因為他們的職業風險很高，如果被病患或客戶告，一輩子賺的錢可能都不夠賠，因此會設立信託，把自己辛苦累積賺來的錢置於信託裡加以保護。

當然，置於信託的資產本身必須是沒有瑕疵的，如果是詐欺、刻意逃避債務，或以惡意方式侵害他人所得來的資產，即使置於信託，還是有可能被打破。例如大陸「俏江南」創辦人張蘭所設立的信託，就是一個具代表性的例子。

婚姻與移民前規劃

我國《民法》第1030-1條規定：法定財產制關係消滅時，夫或妻現存之婚後財產，扣除婚姻關係存續所負債務後，如有剩餘，其雙方剩餘財產之差額，應平均分配。但下列財產不在此限：（一）因繼承或其他無償取得之財產；（二）慰撫金。

關係消滅有兩種情況，一是離婚，二是死亡。那如何避免因為這兩種狀況被配偶分走一半的資產呢？方法有兩個，一是婚前協議，一是信託。婚前協議的部分，我們會在後面〈「守」護愛情與財富：婚姻風險管理〉一文中說明，這裡先談信託。

如果是**婚前就設立信託**，資產原則上不會被認定為婚後財產，風險會小很多。但如果是在婚後才成立信託，而夫妻雙方又沒有特別約定並登記為分別財產制，那婚後的財產原則上就是共同財產，這時候成立信託應該要配偶同意，否則會變成無權處分別人的財產。

另一種需注意的情況是移民前的資產規劃。因為移民後，第二代很可能與外國人結婚，而依據歐美的婚姻法制，離婚後是可以主張分得對方**「婚前」與婚後財產的一半！**範圍遠大於我國《民法》的規定，因此婚姻風險的防範與規劃是非常重要的，也就是與其把資產直接贈與子女，不如放進信託裡保護，會比較完整。

信託是完美的嗎？

很多客戶會問：「信託有那麼完美嗎？信託有哪些問題？」當然沒有一個工具是完美的。信託相較於其他工具，功能已經算是很全面了，勉強算是缺點的地方如下：

一、**每年架構維持費**：由於信託本身是一個架構，且需由持有牌照的信託公司擔任受託人，同時提供行政管理服務（例如信託資產的記帳、每年受益分配等）。國內信託的收費通常是信託資產總價值的〇・一％至〇・二％，海外信託則約為每年一萬五千至兩萬五千美元。有些客戶覺得每年都要繳費，長期累積的費用太高，因此不願意設立。但我個人的意見是：**享受服務本來就需付出代價，信託所提供的功能對很多家族而言是高度必要的，不宜單純以成本概念去看待。更何況信託資產每年也會因投資理財而持續增值，拿其中一小部分去付服務費，其實無傷大雅。**

二、**國內信託相較於海外信託的缺點更多**：除了設立前要先繳完贈與稅之外，設立後基本上受益內容難以調整，這對大部分委託人（設立人）而言是難以接受的。畢竟人的想法會改變，客觀環境也會變動。若要調整受益內容，還需取得**受益人與受託人同意**，此一要求大大降低了委託人設立信託的意願。

三、**信託不是解決家族傳承問題的萬靈丹**：家族的傳承大業要做得好，需要涵蓋「**道、法、術**」三大面向。信託屬於術的層次，是個工具，但工具要能發揮作用，「**道**」也非常重要。那「道」是什麼？道就是家族價值觀、願景，以及家族治理。具體來說，就是在精神與思想層面，要能統整與建立家族成員的高度與一致性認同。認同創一代的理念、家族成員的感情融洽、理念一致，這樣才不會發生「內爆」的情況。舉例來說，港星梅〇芳、台灣某首富家族，雖然都設立了信託，但仍都發生「內爆」的情況。雖然最後信託架構本身沒有受到撼動，但對整個家族的內耗與傷害仍是非常大的。

從陳氏家族案例看適合納入信託的資產

我們來看看，陳氏家族的資產可以如何透過信託這個工具，作為傳承的安排。前一篇文章我們已探討過家族企業股權的部分，以下要談的是「股權以外」的資產。

在進行信託規劃前，我們首先需要**整理並詳列出家族的所有資產**。因為並不是所有資產都適合放進信託，而且根據資產的不同屬性與所在地，信託架構與稅務安排也都會有所不同。因此，**詳盡、完整的資產清單是規劃信託的第一步，也是必要的一步**。

我們假設陳氏家族的資產清單如圖2-12。

房地產

首先是**房地產**。相較於歐美，華人特別偏愛房產投資，這可能來自於根深蒂固的「有土斯有財」傳統觀念。但房地產對於海外信託而言，卻是最麻煩的資產。原因如下：

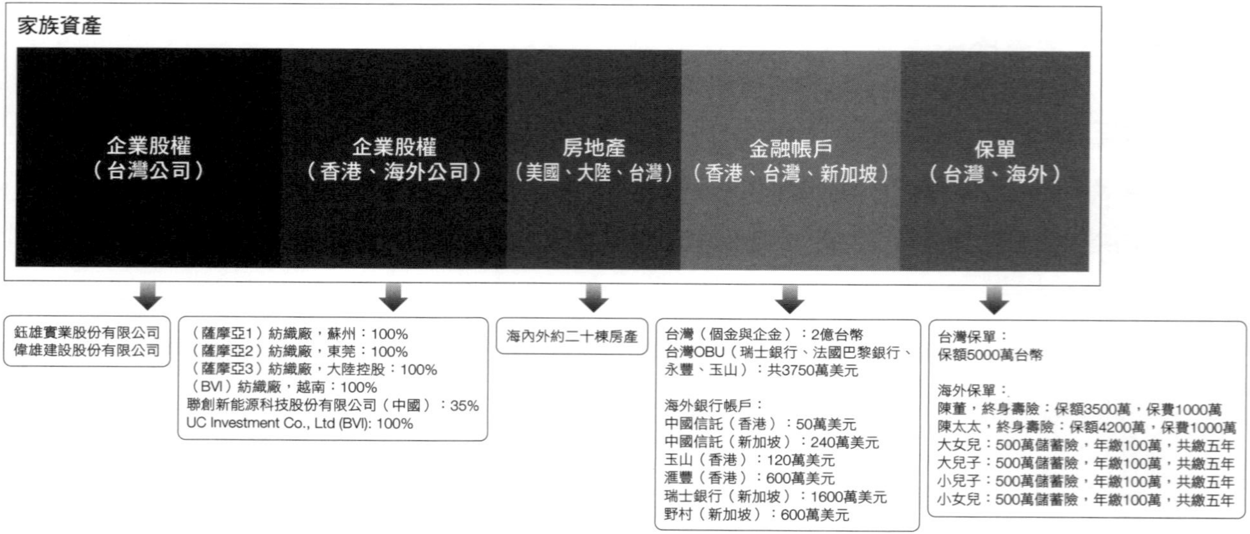

家族資產
企業股權
（台灣公司）
企業股權
（香港、海外公司）
房地產
（美國、大陸、台灣）
金融帳戶
（香港、台灣、新加坡）
保單
（台灣、海外）
鈺雄實業股份有限公司
偉雄建設股份有限公司
（薩摩亞1）紡織廠，蘇州：100%
（薩摩亞2）紡織廠，東莞：100%
（薩摩亞3）紡織廠，大陸控股：100%
（BVI）紡織廠，越南：100%
聯創新能源科技股份有限公司（中國）：35%
UC Investment Co., Ltd (BVI): 100%
海內外約二十棟房產
台灣（個金與企金）：2億台幣
台灣OBU（瑞士銀行、法國巴黎銀行、永豐、玉山）：共3750萬美元
海外銀行帳戶：
中國信託（香港）：50萬美元
中國信託（新加坡）：240萬美元
玉山（香港）：120萬美元
滙豐（香港）：600萬美元
瑞士銀行（新加坡）：1600萬美元
野村（新加坡）：600萬美元
台灣保單：
保額5000萬台幣
海外保單：
陳董，終身壽險：保額3500萬，保費1000萬
陳太太，終身壽險：保額4200萬，保費1000萬
大女兒：500萬儲蓄險，年繳100萬，共繳五年
大兒子：500萬儲蓄險，年繳100萬，共繳五年
小兒子：500萬儲蓄險，年繳100萬，共繳五年
小女兒：500萬儲蓄險，年繳100萬，共繳五年

圖2-12　陳氏家族的資產清單

一、海外信託無法直接持有房產，必須透過當地法人（公司）來持有。但大部分家族投資房地產時，多以個人名義購買與持有。此時就產生一個問題：若要將該不動產置入信託，需先將其「公司化」，也就是先把所有權從個人移轉到公司名下。但這個動作會觸發多種稅賦（如土地增值稅、契稅、贈與稅等），通常一聽到這點，客戶就打退堂鼓了。

二、即便好不容易把房地產轉為（當地）法人持有，要將這間（當地）法人再置入海外信託，又是另一道麻煩的程序。以台灣為例，需經過投審會審查，且必須有實際買賣金流。若是其他國家，情況更複雜，不但需要實質金流，最大問題是現在很多國家不鼓勵資產境外化，尤其是房地產。他們往往會設計一些特殊法令，讓你打消念頭。舉例來說，英國規定，若要將英國房產置入海外信託，在置入當下就先課二〇%的稅，而後每十年還要再收六%的稅。這樣的稅負，誰還願意做呢？

三、國內信託也不喜歡持有房地產，因為銀行信託部門通常不具備管理不動產的能力，包含租金管理、維修、繳稅等，造成後續作業困難。

四、若持有大量中國大陸不動產，問題更大。因為大陸的不動產幾乎不可能境外化，所以也幾乎不可能放進海外信託，這是政策限制所致。

結論是，從家族傳承的角度來看，不動產是不容易傳承的資產。大部分情況下，只能透過遺囑來處理，但遺囑的功能性限制很多，這裡就不再贅述。因此建議，房地產可以配置，但不宜買太多。若真的想要大量投資房產，務必在購買前就先做好架構規劃與稅務評估，確保未來的可操作性與傳承可行性。

金融資產

其次是**金融資產**（Bankable Assets），舉凡現金存款、股票、債券，所有銀行投資理財產品都算是金融資產。

一、與房地產一樣，通常**金融資產也是以由公司（法人）持有的方式置入海外信託**。所以，如果帳戶是以個人名義開立的，則需先改為法人戶，再將該資產納入海外信託中。

二、台灣的高資產家族，大多都有海外私人銀行帳戶（如陳氏家族），**以香港、新**

加坡、瑞士三地為最多。這些帳戶可能是：

- 以**同一家境外公司**，在不同私人銀行開立帳戶，或
- 由**不同境外公司**各自持有不同帳戶。

只要將這些**境外公司的股權移轉給信託公司**，就等同於把帳戶內的金融資產置入信託中。

三、**金融資產置入信託後，有兩大重點要管理**：

- 一是**投資管理**，也就是如何妥善運用資產、持續增值，這屬於「攻」的層面，將在後面〈「攻」：世代財富自由——家族資產管理〉一文深入論述；
- 二是**獲利分配**，也就是每年金融資產產生的收益，要如何分配給家族成員。這部分每個家族的想法、做法皆不同，依大家長的想法與需求個別設計。

保單

最後是**保單**（Insurance Policy），保單在家族傳承規劃中，是非常重要的工具之一。其主要用途，除了作為**遺產稅稅源的儲備**外，也是一種**長期穩定的投資理財安排**（例如儲蓄險）。

一、陳董除了為自己與太太購買大額壽險外，也分別替四個孩子每人配置了一份儲蓄險。這些儲蓄險可以為他們未來的教育費、生活費與退休金提供穩定的現金流來源。

二、不管是大額壽險或儲蓄險，都可以置入信託。未來保險理賠金或分紅金進入信託帳戶後，由信託統籌分配，可避免大額金額一次性直接支付給受益人而產生可能的風險與弊病（例如揮霍、債務、稅務、家族糾紛等）。

三、在台灣，也可以透過「保險金信託」達到相同的規劃效果。

結論：信託的優勢與限制

1. **信託是傳承安排的核心架構，能突破《民法》繼承篇的限制，控制資產分配節奏與對象。**透過信託安排，委託人可設定收益條件、出金節奏、跨世代給付設計，解決一次性繼承帶來的風險與潛在紛爭，並可合法避開《民法》特留分規定。
2. **信託具備資產隔離功能，有效抵禦職業風險與家族糾紛帶來的債務追討。**若資產於生前即設立信託，並非惡意規避債務，即可產生法律上的財產隔離效果。此對醫師、會計師、企業主等高風險職業尤為關鍵。

3. **婚姻與移民風險亦可透過婚前信託預先防範，保障家族資產不被分割。**無論是國內《民法》第 1030-1 條的規定，或是移民後因跨國婚姻而引發的風險，信託均可作為提前防護機制，使資產不輕易流出家族體系。

4. **並非所有資產都適合進入信託，應依資產屬性分類規劃，兼顧稅務與操作可行性。**房地產涉及複雜的公司化架構與可能的高額稅負，不易納入信託；金融資產與保單最適合作為信託資產，搭配投資管理與獲利分配規劃效果最佳。規劃前務必完整列出資產清單，並評估適配架構。

5 股權結構防「守」利器：閉鎖性公司

境內資產傳承策略：國內信託與閉鎖性公司的運用

我們前兩篇文章主要談的是海外信託這個工具。海外信託持有的主要是海外公司股權與海外資產，但台灣境內公司與資產的傳承，一般而言不適合使用此工具，除非採取境外化的架構。那麼，該如何處理台灣境內公司與資產的傳承呢？主要是使用國內信託與閉鎖性公司。

啟發與迷思：國內信託的限制與困境

國內信託理論上與海外信託相同，是個好工具，但在實務運作上卻相當困難，原因是，國內信託的業務主要由國內銀行信託部負責承做。**目前，銀行普遍只願意承做最單純的金錢信託，若牽涉到家族企業傳承的未上市櫃公司股權信託，由於涉及的法令問題複雜，很多銀行並不願意承做。**即便有銀行願意承做，往往因以下因素導致最後無法成功執行：

一、**股權移轉入信託前需先完納贈與稅，客戶意願缺缺。**

二、國內信託在設立後，**如需變更，法令限制嚴格，幾乎毫無彈性**，客戶意願缺缺。

三、只要家族成員中有一位擁有美國身分，因牽涉複雜的美國稅務遵循問題，國內信託公司很難承做。

四、上市櫃公司的大股東若想透過信託進行股權傳承安排，將面臨以下問題：一方面股權移轉入信託前需完納贈與稅（本金他益），因金額龐大，幾乎無人願意執行；二方面則是因為牽涉複雜的上市櫃法令問題，客戶意願缺缺。

結論是，國內信託用在家族企業股權與資產的傳承上，窒礙難行，客戶採用的意願很低。這其實是很可惜的事，國內政府機關在心態上偏向把信託當成是客戶想逃稅，從傳承的角度上對客戶不友善，導致這個工具窒礙難行。因此，現在用得最多的是閉鎖性公司。

閉鎖性公司的實務運用

所謂閉鎖性股份有限公司，指股東人數不超過五十人，並於章程訂有股份轉讓限制之非公開發行股票公司（《公司法》第356-1條）。此外，因閉鎖性公司之企業自治空間較大，為利一般大眾辨別，以保障交易安全，法律特規定此類公司章程應明訂「本公司屬於閉鎖性公司」之字樣，並由主管機關於資訊網站公開之（《公司法》第356-2條）。

閉鎖性公司被廣泛運用在家族企業傳承上，是一場美麗的意外。簡單來說，這是一種為了鼓勵新創和小型企業發展，在《公司法》中特別規範的股份有限公司類型，其特點是股東人數較少、成員關係緊密，且對股份轉讓有一定限制。它本來是立法用來方便與鼓勵創投（venture capital）、新創產業與公司的特殊股權安排，卻意外被發現可以用在家族企業股權傳承上。只不過，坊間很多專業人士在協助客戶使用此工具時，只把公

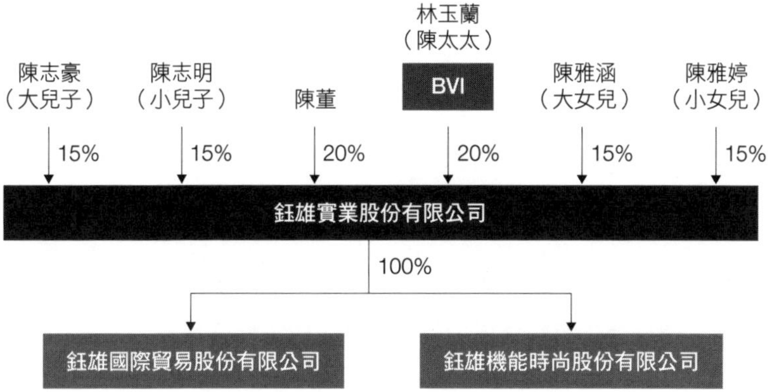

圖2-13　鈺雄實業股份有限公司的股權結構（台灣）

司的性質從一般公司改為閉鎖性公司，章程完全沒有修訂，所有重要的條款都沒有，這在實務上很常見。

閉鎖性公司的詳細介紹，大家可以在網路上蒐集很多資料，坊間書籍也很多，在此不贅述。我們這裡只談實務核心運用的重點，假設陳氏家族台灣公司的股權結構如圖2-13，這是很常見的結構。

如何透過閉鎖性公司解決陳氏家族的股權傳承問題

圖2-13的股權結構在傳承上會有什麼問題？在前文〈股權結構防「守」利器：股權信託〉已經剖析過，核心問題在於股權分散，家族成員理念

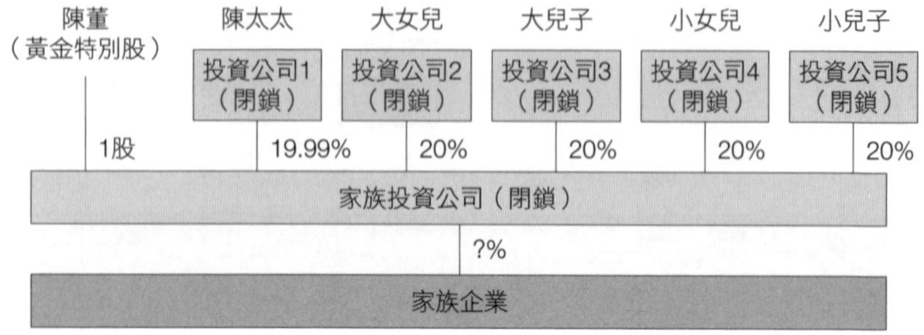

圖2-14　建議陳氏家族採用的股權結構（閉鎖性公司）

不一致，陳董去世後可能導致企業經營控制權不穩。我們可以運用閉鎖性公司來解決這個問題。針對陳氏家族的情況，我會建議採用圖2-14的架構。

說明如下：

一、會有家族投資公司，是因為家族企業通常還有其他非家族股東，無法直接以該公司轉為閉鎖性公司，且該公司未來仍可能公開發行或上市櫃，因此不能直接納入家族閉鎖性架構，必須是在家族投資公司的層次閉鎖。

二、家族成員理想上建議每人設立單獨的投資公司（同為閉鎖性公司）持有各自股份，目的在於：

- 降低家族投資公司的股東人數。
- 每位家族成員的利益不同，各自在自己的投資公司處理。

- 創辦人或大家長（陳董）持有黃金特別股，對家族投資公司擁有百分之百的掌控權。其他五家投資公司的股份僅享有受益權，無投票權（或投票權重遠不及黃金特別股）。創辦人或大家長再另訂立遺囑，交代未來此黃金特別股由誰繼承，亦即交班給誰（大兒子）。

三、家族成員各自的投資公司（閉鎖）亦可做同樣設計，設有黃金特別股。

四、不管是家族投資公司，或是家族成員各自的投資公司，最重要的是章程裡需有以下設計：

- 防止股份流出至非家族成員：任何股份非經董事會特別決議，不得出售、質押、贈與、信託、提供擔保或為其他處分。
- 若有家族成員因任何原因希望不再持有本公司股份，得經董事會特別決議，由其他有意願的家族成員購買。
- 如公司發行的是特別股，還可設置公司隨時得贖回的條款。

五、如何由現有的結構調整到上述理想的閉鎖性公司架構？這通常會用以股作價的方式進行，並涉及複雜的稅務精算、評估、股務作業等。每個案例的情況皆不同，在此就不贅述，以上只是對大框架提出原則性的描述。

陳氏家族的潛在矛盾：陳叔的角色、身分與傳承問題

陳氏家族其實另有一個敏感且頭痛的問題，就是陳叔的角色、身分與傳承問題。陳氏集團的房地產板塊與江山是由陳叔一手打下來的，但假設當初的股權結構並沒有充分反映此事實，且至今未調整。由於這個話題十分敏感，陳叔一直沒有主動向陳董提出討論。然而，人生無常，現在陳董突然離世，這件事情就變得相當棘手了。

從法律的角度來看，假設陳叔名下僅擁有二〇％的股份，如果他的這些姪子姪女們選擇裝傻，事實上他也無可奈何。這種情況在實務上其實相當常見。

偉雄建設股份有限公司的股權架構

假設偉雄建設股份有限公司的股權結構如圖2-15。如果陳董在生前即有意識地進行調整與規劃，他可以採取圖2-16的安排（股權比例可根據實際情況調整），也就是將部份股權（或甚至全部）贈與給陳叔的兒子與女兒，以反映陳叔在建設領域板塊的實質貢獻，並把黃金特別股給陳叔，也就是此板塊的經營權就交給陳叔了。若不幸陳董還沒來得及

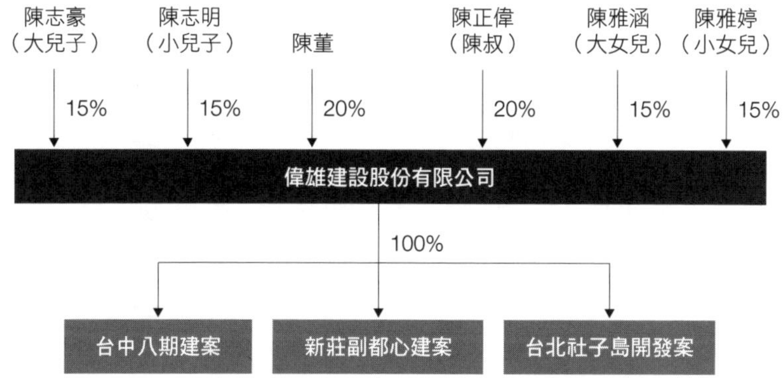

圖2-15　偉雄建設的股權結構

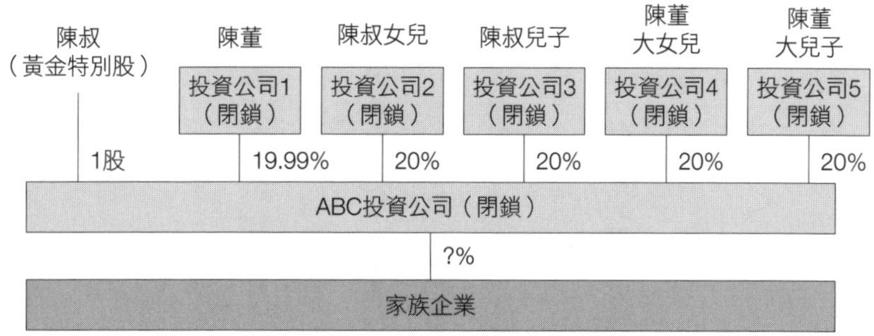

圖2-16　建議偉雄建設可採用的股權結構安排

做此調整就突然仙逝，那就只能由陳太太以大家長的身分出面溝通了。

結論：閉鎖性公司運用於股權傳承的原則

- 坊間很多專業人士在協助客戶使用此工具時，只把公司的性質從一般公司改為閉鎖性公司，章程完全沒有修訂，所有重要的條款都沒有，這是沒有效果的。
- 閉鎖性公司已成為國內目前很流行的家族企業股權傳承工具。不過，要提醒大家的是，黃金特別股代表著經營權，黃金特別股由誰繼承，就代表著經營權交接給誰。這除了要小心擬定遺囑外，最好還是要建立完整的家族憲法，透過制度論述並落實家族治理，才能形成完整與成熟的運作系統。
- 實務上，一個完整且良好的交接班傳承，很難單靠一個工具就能達成，往往需要多個工具同時建構，才能順利完成。

6 傳承從防「守」開始：稅籍身分籌劃

從日本買房賺很大的迷思，看稅籍身分籌劃的重要

有天我一個客戶得意洋洋地跟我說，他剛從東京和京都回來，去那裡買了十棟房子，好便宜，租金回報率也不錯，將來還可以傳給孩子們。我隨即問他，他知不知道日本遺產稅最高高達五五％？將來他這些房子，孩子在繼承前要先繳完日本五五％的遺產稅才能過戶，他聽完當下呆住了！

更嚴重的是，對於外國人，若被繼承人或繼承人在繼承發生前十年內「在日本有住所」，則其「全球資產」可能需納入日本遺產稅課稅範圍！但若雙方均為非居住者，且在日本無住所，則僅對日本境內資產課稅。舉例而言，您覺得京都生活環境很好，乾脆就去京都過退休生活，每年去您買的京都房子住個半年，因此成為日本稅務居民，則您的「全球資產」就可能需納入日本遺產稅五五％的課稅範圍！

您確定您還要去日本買房嗎？

啟發與迷思

台灣人喜歡買房，台灣買不夠還買到海外去！大部分的人聽移民顧問公司或房產仲介講得天花亂墜，東買西買，但很少人對稅務有事前精確的評估。

傳承從防守開始，防守除了搭建完善的架構、運用適當的工具來安排股權傳承外，另一個關鍵就是稅務籌劃。買房投資終究是為了賺錢，算來算去最大筆的沒算到，可能就造成決策錯誤。

英國、澳洲、香港、新加坡、日本、杜拜、美國，每個國家的稅法規定都不一樣，需做的架構規劃皆不同，投資前須做審慎評估。

家族財富的全球分布與稅務挑戰

高淨值家族的資產很少會百分之百都在台灣，為了分散風險，通常資產會遍布全球。最典型的情況是：

- 私人銀行帳戶設於新加坡或瑞士。
- 於日本、美國、新加坡、大陸、英國等地持有房產。
- 擁有境外大額壽險與儲蓄險。
- 在大陸、香港、新加坡、越南、泰國等地設立公司並營運（公司股權）。
- 喜歡收藏古董與藝術品。

除了資產種類多樣，家庭成員更是「聯合國」。由於二代、三代多半出國留學，許多家族成員在高中時就被送出國念書，其中美國尤為常見。家族成員擁有美國綠卡、護照或其他國家永久居留權的情況非常多，這讓稅務問題更加複雜。

不管稅務問題多複雜，終究只為了一個目的：活著的時候，所得稅少繳一些；跟上帝喝咖啡時，遺產稅少繳一些。筆者在近二十年的實務工作中，只遇過一個客戶跟我說：「我不做任何稅務規劃，該繳多少就繳多少。」

而我也常跟客戶說：「一百塊的稅透過適當規劃想只繳五十塊，可能合理做得到。

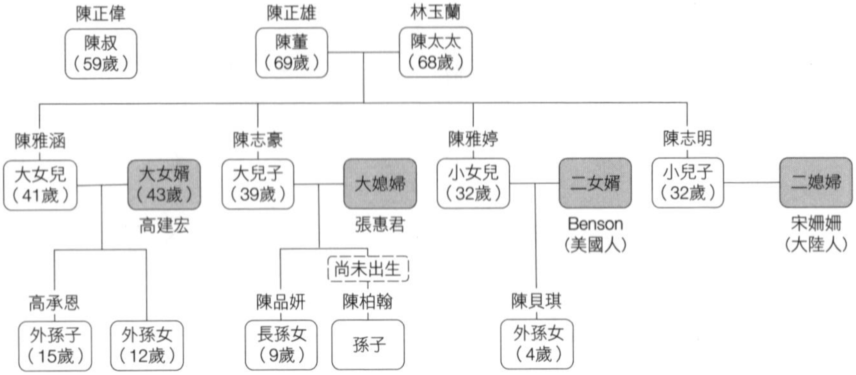

圖2-17　陳氏家族成員關係圖

但如果想一塊錢都不繳，最後下場可能是繳兩百塊！」

在國內外信託與閉鎖性公司架構的搭建過程中，每一步皆與稅務息息相關。傳承規劃之所以難度極高，就在於每一個步驟與工具都同時牽涉其他領域，必須綜合考量。如果信託與閉鎖性公司的設立產生了巨大稅負，那麼傳承還沒開始，資產就已經少了一大塊，就失去了規劃的意義。

全球稅務規劃的起點

一個家族的全球稅務籌劃要怎麼做呢？起手式就是要把家族成員的關係圖畫出來，我們以陳氏家族為例，請見圖2-17。

任何一個規劃案的起始點，家族成員關係圖

是絕對必要的資訊。它除了告訴我們將來繼承事件發生時，合法繼承人有哪些之外，每位家庭成員的國籍、稅籍、常居地也非常重要。這代表著：「他（她）該在哪裡繳稅？」也代表著我們該研究哪一國或哪些國的稅法，而且經常一個人還會出現雙重稅籍的情況，使得稅務問題更加複雜。

再下一步是請客戶梳理出他全球的資產，因為資產在哪裡，就牽涉到當地的稅法，而且不同的資產，傳承規劃的方式也不同。**以上兩者合併，即交織出非常複雜的稅務問題**。

全球稅務籌劃的三大領域之一：人（稅籍與身分規劃）

全球稅務籌劃可以從**三大領域**來梳理，**第一個領域是「人」，即稅籍與身分規劃**。稅籍為什麼重要？因為**你是哪個國家的稅籍，就有該國的繳稅義務**。反過來說，**你去除了哪個國家的稅籍，就去除了該國的繳稅義務**。所以，這就成為一門特別的學問：**身分與國籍（稅籍）規劃**。為什麼全世界富豪搶當新加坡人？為什麼大陸富豪要拿賽普勒斯（Cyprus）或馬爾他（Malta）護照？道理就在此。

圖2-18　全球稅務籌劃的三大核心

資料來源：磐合家族辦公室

課稅原則有兩種：屬人與屬地。屬人，就是國籍等於稅籍，最典型的就是美國。不論你在國外住幾天，只要你拿美國護照或綠卡，即使你在天涯海角，都要繳美國稅。屬地，則是只有在該國境內賺的錢才要繳稅，境外所得則免稅，最典型的例子就是新加坡與香港。其他國家大都介於這兩者之間，越是大國越偏向屬人，小國通常會偏向屬地。

另一個很重要的原則是一百八十三天。不論你的國籍是什麼，通常你在一個國家一年內待超過一百八十三天，你就會成為該國當年度的稅務居民。因此，**「睡」哪裡，也是我們進行稅務規劃時的核心重點之一。**

綜合以上，到底人的國籍、稅籍應該怎麼規劃？此問題沒有標準答案，端看客戶的實際情況。我們就以陳氏家族的情況來解說，請對照圖2-17。

一、陳董的稅務身分規劃

假設鈺雄在大陸與越南的營運賺了很多錢，盈餘分配到母公司（薩摩亞）和BVI，最後存入香港的銀行帳戶。此海外所得在台灣實施「營利事業受控外國企業」（CFC）制度後，陳氏家族就應該要繳稅。陳董若百般不願意繳，那就必須從他的稅籍身分上著手，他的身分可以怎麼規劃？他可透過新加坡13O的家族辦公室計畫，取得新加坡稅務居民身分，並同時去除台灣稅務居民身分，如此一來，這部分收入就可以零稅負了（不包括大陸與越南當地的企業所得稅）！問題是，陳董實際上能否做到去除台灣稅務居民身分（每年不在台灣住滿一百八十三天），那是另一回事。

二、大兒子的稅務負擔

如果大兒子負責大陸的營運，常年駐守在蘇州與東莞工廠，那麼他就是大陸稅務居民。如果他的所得主要來自大陸，那稅負將會很重，除非他部分收入在海外支付。但大陸針對台灣同胞特別提供一個稅務優惠：在大陸居住滿一百八十三天但未連續滿六年的台胞，其境外所得可免予徵稅。一旦連續六年、每年居住滿一百八十三天，則需對全球所得繳納個人所得稅。因此，一般的做法是，連續五年、每年居住滿一百八十三天後，第六年一定要控制當年度在大陸不要居住滿一百八十三天，以繼續適用此優惠政策。

二、小女兒的美國稅務問題

小女兒嫁給美國人，長年定居美國並取得綠卡，孩子也都在美國出生，擁有**美國護照**。這意味著，小女兒的**全球收入都必須申報美國稅**。這對陳董的傳承架構規劃來說，是一個**極為麻煩的問題**，因為很多傳承架構只要有美國人在裡面，整個設計就會變得異常複雜。問題是，小女兒能選擇不成為美國人嗎？恐怕很難。一般而言，如果客戶是長期在美國居住、生活，我都會建議客戶不要規避，要百分之百合法申報，以前若沒合法就做「簡易遵從程序」（streamline）補正，否則風險很高。

二、二媳婦的身分安排

假設二媳婦宋姍姍是**富二代**，家族在上海是望族，靠經營房地產賺了大量財富。但由於政商關係複雜，涉及各種特殊考量，**需要額外的身分安排**。那麼，有哪些可行的選擇呢？這也是傳承規劃中不可忽視的重要課題與專業。

結論：沒有簡單的解方

- 傳承從防守開始，除了搭建完善的架構、運用適當的工具來安排股權傳承外，另一個關鍵就是稅務籌劃。
- 我們可以提出理想的身分規劃藍圖，以最低化稅負成本與最佳化傳承路徑為目標，但現實中，往往會遇到許多無法改變的既定條件，因此規劃內容就必須根據實際情況調整，沒有簡單的解方。
- 有時，家族成員中可能有多名美國人，其中有人希望完全合法申報，有人則不願意，這樣的情況將讓整個傳承架構變得更加複雜，因為彼此之間會相互牽連。

7 「事」與「物」的全球稅務籌劃

什麼？我的海外信託要報稅啦？

一天早上突然接到林董打來電話，問：「文鴻，我怎麼聽說我設的海外信託開始要跟台灣國稅局報稅啦，怎麼回事啊？」我說：「林董，是的，我們財政部於二〇二四年七月十日頒布台財稅字第11304525870號函令的規定，要求受託人（海外信託公司）應依相關規定向國稅局辦理海外信託所得申報。」這對林董的衝擊非常大，因為他過去海外的收入都沒有申報繳稅，一時之間難以接受，此時他又要思考是否有其他方式或架構可以做安排了。

啟發與迷思

近年來，國際間有關洗錢防治與稅務逃避（tax avoidance）的防堵力道與法規愈來愈嚴格，各個國家對於要不要提高關稅或許立場不同，但對於打擊逃漏稅與洗錢的立場卻非常一致，大大限縮了稅務規劃的空間，因此當我們**在運用閉鎖性公司、國內信託、海外信託等工具在做傳承規劃時，稅的考量極為重要。如何既能達到客戶想要的傳承目標，又要盡可能將稅負降到最低，**難度很高。

全球稅務籌劃的三大領域之二：事

延續前文全球稅務籌劃的人、事、物架構，此處來探討「事」。「事」指的是在傳承架構運用時，稅負層面的考量。我們之前談過三大主要傳承工具：閉鎖性公司、國內信託、海外信託。

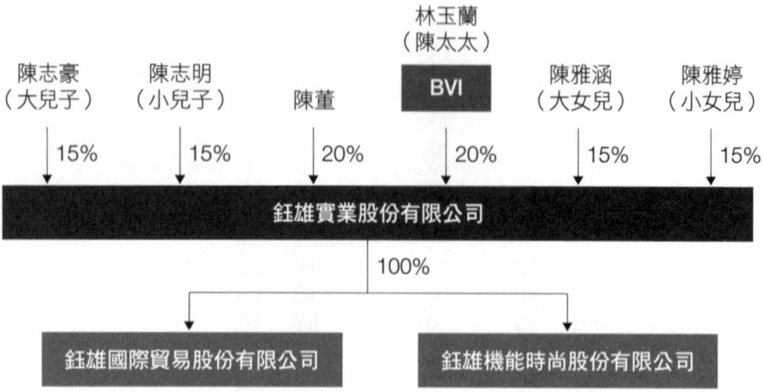

圖2-19　鈺雄實業股份有限公司的股權結構（台灣）

閉鎖性公司

在運用閉鎖性公司進行家族傳承時，主要涉及贈與稅與以股作價時的稅務問題。以陳氏家族的情況為例，原本的股權結構如圖2-19，建議可改採圖2-20的架構。如果陳董要做這項調整的話，需考慮以下問題：

一、需依家族成員每人當時取得股份的成本以及公司目前的淨值，去精算贈與稅和以股作價會產生的稅負，必須依照每個人的實際情況做精算。

二、是否要一次就調整到完整的新架構？可能每人想法與客觀情況皆不同，需與陳董討論。

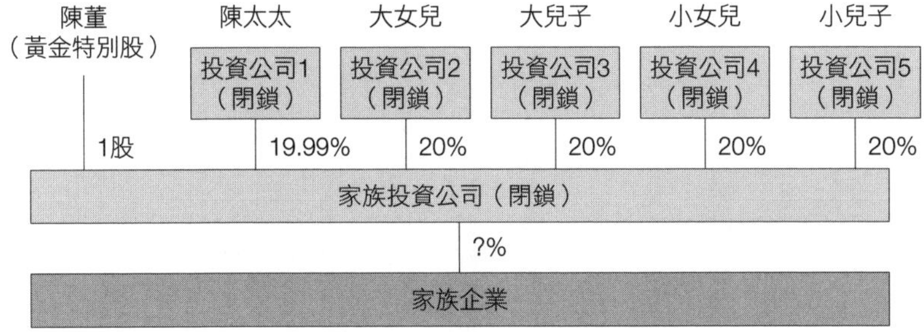

圖2-20　建議陳氏家族採用的股權結構（閉鎖性公司）

三、通常我們會將新設的閉鎖性公司做特別股設計，但如何將目前鈺雄實業的普通股架構轉換為新的特別股設計，程序複雜需做詳細的股權轉換方案。

四、陳董的黃金特別股將來要傳承給誰？此涉及未來陳董希望由誰來傳承接班，建議需搭配遺囑交代清楚。

國內信託

以國內信託來進行國內公司股權的傳承規劃，**最主要的問題在於設立前即需繳納贈與稅。其實，這是很合理的，因為本來以後就要繳納遺產稅，現在只不過是將遺產稅提前繳清而已。**然而，絕大多數的企業主仍然無法接受，總覺得現在要掏出一大筆錢來繳稅太痛苦！反倒是未來自己跟上帝喝咖啡時，這筆稅款對自己來說已無所謂。

再者，誰能確保未來公司價值一定比現在高？這種不確定性，也讓企業主更不願意現在就支付這筆稅款。

海外信託

這幾年國際稅務環境發生翻天覆地的變化，各國政府因為財政需求紛紛加大查稅的力道，相關法規也變得異常嚴格與繁瑣，國際金融機構更是以法遵（tax compliance）為最高原則，使得過去許多可以規劃的稅務空間變得極為有限。

現在，**稅務規劃的核心，已經從減稅、避稅轉變為確保遵守稅務法規**。以陳董的信託為例，請參考圖2-10（第二九七頁）。

一、因為「**共同申報準則**」（CRS）的實施，海外信託公司與金融機構會將銀行帳戶資訊交換給陳董與五個家人的稅務居民國。雖然目前台灣尚未加入CRS，但不排除未來資訊交換的國家會愈來愈多。

二、我們財政部國稅局也非常聰明：「陳董，你故意隱瞞不申報海外資產對吧？那我就要求海外信託公司須要給我資料！」這就是財政部於二〇二四年七月十日頒布台財稅字第11304525870號函令的規定，要求受託人（海外信託公司）應依相關規定向國稅局辦理信託所得申報。這對陳董的衝擊非常大，因為他過去海外的收入都沒有申報繳稅，一時之間難以接受，此時他又要思考是否有其他方式或架構可以安排。

三、如果陳董家人除了台灣以外，也有其他國家的身分與稅務居民，那信託資訊就會被交換到他國，並產生該國的申報納稅義務。

四、如何應對呢？陳董可能**要改變思維了。透過規劃少繳一點是有可能的，但如果想要完全不繳，付出的代價可能更大！**如何規劃少繳一點呢？那就要評估是否可能改變自己的稅務居民身分了，這答案就因人而異。

全球稅務籌劃的三大領域之三：物——不同資產的稅務與傳承考量

國外資產的稅務影響：房地產最為顯著

通常資產在哪個國家，就有當地稅法適用的問題。這種情況在房地產最為顯著，尤其是遺產稅。很多高資產族群很喜歡買不動產，最近台灣人更喜歡到日本買房，但大多數人都忽略、沒有仔細考慮稅的問題，尤其是銷售人員在推銷時，通常會故意避開此問題。

國外置產於傳承上最大問題有兩個，一是遺產稅，二是繼承過戶程序。

稅法上有一基本原則是，你在我國家境內有資產，當你跟上帝喝咖啡時，這些資產要繳完我國家的遺產稅後，才能辦理過戶移轉或處分。其實這道理完全沒什麼稀奇的，因為此情況對境內資產也一樣，差別只是：

一、通常你對該國的遺產稅法完全不了解。

二、該國的過戶移轉程序肯定比國內的更複雜許多，因為需證明所有合法繼承人，所有文件需公、認證，當地法院的遺產認證程序等，讓你勞心又勞力。

房地產配置與資產管理策略

從資產管理或資產配置（asset allocation）的角度而言，購買房地產並分散配置是有道理的，但從稅的角度而言並不那麼友善，且在繼承法律上因為是共有，未來處分與管理上都不是很方便。**建議房地產可以買，但不宜買太多！**

美國遺產稅案例與資產配置的複雜性

有些情況甚至複雜到難以想像。尤其是美國，假設陳董去美國看小兒子時，順便在紐約的摩根大通銀行（JP Morgan）以自己個人名義開了個帳戶，匯入三百萬美元，其中一百五十萬美元買了蘋果公司（Apple）的股票。陳董去世時，帳戶裡的現金沒有美國遺產稅的問題，但蘋果的股票需要繳美國遺產稅。如果陳董是在台灣透過券商以複委託買了蘋果的股票，陳董去世時，這些股票就沒有美國遺產稅的問題。又，如果陳董是以BVI公司在紐約的銀行開立帳戶，陳董去世時，帳戶裡的現金與股票都沒有美國遺產稅的問題。看到這裡，讀者大概能理解情況的複雜度。

不同資產類型，規劃方式大不同

除了稅的考量外，不同的資產，傳承規劃的方式都不同。其實不要說不同種類的資產，就連房地產中，商業不動產與自用住宅，稅就有很大的不同。所以，詳細整理與列出資產清單是非常重要的。可參考陳氏家族的資產清單，如圖2-12（第三一二頁）。

一、台灣高資產家族在香港、新加坡或瑞士的私人銀行大都有帳戶，有的是個人戶，有的是公司戶（BVI、薩摩亞、開曼等境外公司）。需特別注意，**當帳戶持有人與上帝喝咖啡時，帳戶通常會被銀行凍結，需等繼承人在台灣與國外走完整個法院繼承程序，並提供銀行要求的所有證明文件後，帳戶才能解凍。**這過程可能會讓合法繼承人筋疲力竭。要避免此種情況，最好的方式就是設立海外信託持有銀行帳戶資產。

二、陳董去世時，陳董的海外公司股權也有同樣的問題，最好的方式一樣是設立海外信託持有。

三、陳董在美國、大陸、台灣、香港，甚至是日本、英國、杜拜購買的房地產，持有的方式可能都不同。甚至在同一個國家，依照目的是出租還是自住，持有的架構可能也不同，無法一概而論。以日本為例，可見表2-4。陳董持有日本不動產期間，除了租金收益和出售的資本利得外，遺產繼承申報也要考慮在內，因為日本的遺產稅、贈與稅採取累進稅率，最低稅率為一〇%，最高達五五%！即便是非居住者之間的遺產繼承或贈與，也要課徵遺產稅、贈與稅。

四、美國、英國、香港稅法上都各有些特別的規定，眉角非常多，筆者都處理過

表2-4　日本不動產的稅務規定

	個人（非日本居民）	境外公司	日本公司
費用計算	與投資相關的日本境內憑證及建物折舊費用，皆可列入		
持有期間的所得稅稅率	不動產租賃時，不動產收益的稅率： 1000至195萬日圓：5.105% 195萬至330萬日圓：10.21% 330萬至695萬日圓：20.42% 695萬至900萬日圓：23.483% 900萬至1800萬日圓：33.693% 1800萬至4000萬日圓：40.84% 4000萬日圓以上：45.945%	累進稅率： 800萬日圓以下：15% 800萬日圓以上：23.2%	累進稅率（另有地方稅）： 400萬日圓以下：22.46% 400萬至800萬日圓：24.9% 800萬日圓以上：36.81%
出售稅率	不動產出售時，轉讓所得的稅率： 若持有超過五年：15.315% 若未超過五年：30.63% * 若是日本居民出售不動產，除上述所得稅稅率外，還需繳納5%或9%的住民稅。	同上	同上
日本稅務申報	需要	需要	需要
盈餘分配	不適用	免稅	20.42%（中日租稅協定10%）
傳承規劃	日本贈與稅及遺產稅	股權變更產生資本利得稅	股權變更產生資本利得稅
居留證申請	不可	不可	可以（有條件）

資料來源：磐合家族辦公室

（因為筆者的客戶全球到處買房），都要仔細評估處理。

結論：注重遵守稅法與不同資產的稅務籌劃

- 在運用閉鎖性公司、國內信託、海外信託等工具在做傳承規劃時，稅的考量極為重要。如何既能達到客戶想要的傳承目標，又要盡可能將稅負降到最低，難度很高。
- 現在，稅務規劃的核心，已經從減稅、避稅轉變為確保符合稅務法規。
- 國外置產於傳承上最大問題有兩個，一是遺產稅，二是繼承過戶程序。建議海外房地產可以買，但不宜買太多！
- 看完以上，您或許能理解，為什麼在國外，稅務律師是高收入的行業？以及，做家族傳承規劃時，綜合各個角度的整體考量有多重要！不事先做好規劃與安排，這些問題會是燙手山芋。但若事先花些心思規劃，這些問題就會是甜蜜的負荷！

8 「守」護愛情與財富：婚姻風險管理

永浴愛河前的功課

親朋好友結婚，我們都會祝福他們永浴愛河，但如果他們家大業大，那婚姻風險是婚前必須要面對與規劃的重要課題。所謂的婚姻風險主要是指：當婚姻關係消滅時，「夫妻剩餘財產差額分配請求權」和繼承權的管理。

去年我回北京丈母娘家過年吃年夜飯時，我岳母說她前一陣子被法院傳喚去當證人，緣由是她一個閨密好友前年女兒出嫁，她二老為了讓女兒過好生活，把她們在北京的三套小房子賣了，錢歸攏起來給她女兒買了一套大的，登記在女兒名下，結果結婚才一年，小倆口就鬧離婚，男方一狀告上法院，主張女方一半財產，結果一審判決男方可以拿走將近兩千萬人民幣的資產，二老的內心與資產都重傷！

啟發與迷思

現在很多年輕人除了選擇不結婚外，婚後離婚率恐怕比沒離婚的還高！婚姻關係與價值觀與幾十年前已大不同，對高資產家庭而言，孩子們「永浴愛河前的風險管理」已是個必要（a Must）。

大多數人都有一個想法：「結婚前談婚前協議多傷感情啊！」其實這是個錯誤的認知與想法，至少對高資產家庭而言是這樣。為什麼呢？

一、我經歷過的大多數情況是，有錢人交往與結婚的對象多是有錢人，門當戶對。因此，不是只有你有簽婚前協議的需求，對方也需要你簽。所以經常遇到的情況是，當我們向對方提出此想法時，對方也同等要我們簽一份。

二、當事人如果覺得不好意思開口，此工作可以交給專業的家族辦公室處理，由我們去向對方說明，大都能順利完成。

三、其實婚前協議的觀念對現在大多數年輕人而言都能接受，尤其是富裕家庭。另一種情況是，在富裕家庭，異國婚姻很常見，亦即對方是外國人，那婚前協議就更不足為奇了。

四、當你提出需要簽婚前協議，而對方拒絕時，其實這時候反而要三思與小心。

婚姻財產的規劃策略

《民法》第1030-1條規定：法定財產制關係消滅時，夫或妻現存之婚後財產，扣除婚姻關係存續所負債務後，如有剩餘，其雙方剩餘財產之差額，應平均分配。但下列財產不在此限：（一）因繼承或其他無償取得之財產；（二）慰撫金。

「法定財產制關係消滅」有兩種情況：一是離婚，一是死亡，規劃的方式不同。

為什麼要為以上的情況預先做規劃？因為是怕當另一方主張「雙方剩餘財產之差額，應平均分配」時，分配到我們家族企業的股權，尤其是離婚的情況。畢竟離婚時大部分是撕破臉，這時還讓對方成為我們家族企業的股東，這通常是家族所不願意看到的。

如何做婚姻風險的管理與規劃？通常會使用三個工具：婚前協議、閉鎖性公司與信託。

婚前協議

婚前協議有兩大關鍵：

一、**約定登記分別財產制（並完成登記！）**：登記分別財產制可排除《民法》第1030-1條「夫妻剩餘財產差額分配請求權」的適用。

二、**死亡時的財產處理**：登記分別財產制雖可排除《民法》第1030-1條「夫妻剩餘財產差額分配請求權」，但發生死亡事件時無法排除配偶可主張《民法》上的繼承權，這是無法透過契約約定排除的。此時只能透過契約約定，同意如有因繼承取得對方家族企業之股權或信託利益時，需將之移轉予家族成員，同時，配偶會取得相對應的現金對價。此機制設計的唯一目的，就是避免配偶取得家族企業之股權。

跨國婚姻的婚前協議規劃

如果家族成員交往的對象是外國人，此婚前協議的學問就更大了。**原因是，我國**

《民法》的「夫妻剩餘財產差額分配請求權」只及於「婚後財產」，但外國的婚姻法通常及於「婚前財產」，也就是離婚時對方可以主張「婚前與婚後財產」的一半！所以，簽訂婚前協議就更加重要了！如果對方堅持不肯簽，那這樁婚姻可能真要三思了。

跨國婚姻的婚前協議有很多眉角，筆者在處理此類案件時，對於各國法治的不同時常覺得詫異，重點如下：

一、基本原則是雙方國籍的婚前協議都要簽。

二、「主要資產所在地」在哪裡？如果是在第三國，那還需要再準備一份第三國的婚前協議。

三、婚前協議不是簽完協議就做完了！婚前協議的真正核心往往都不是在協議本身，而是在協議中要求要做的事。例如，去法院完成登記分別財產制。而在美國，如何確保未來婚前協議能妥善執行，那更有一堆眉角。

四、結論：我們常說準備搬家要忙一個月，結婚要忙一年，跨國婚姻尤其如此。建議好好找專家做好充足的事先規劃與準備，否則出問題時，可能最少要再忙十年！

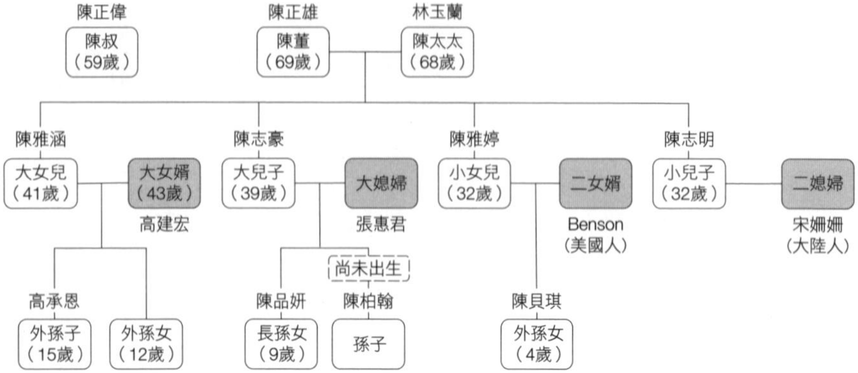

圖2-21　陳氏家族成員關係圖

陳氏家族的案例

陳氏家族的成員關係圖，請見圖2-21。其中，二女婿是美國人，二媳婦是大陸人。

一、如果可能的話，兒子、女兒在結婚前都要準備婚前協議。小女兒需另做美國的婚前協議（看先生是居住在哪一州），小兒子需另做大陸的婚前協議。

二、如果都已結婚，可考慮再去法院登記分別財產制。

三、台灣的家族公司（鈺雄實業與偉雄建設）建議需做閉鎖設計。

閉鎖性公司與信託於婚姻風險管理的運用

如果不設計一些機制，當陳董子女發生離婚或與上帝喝咖啡的事件時，他們的配偶會取得鈺雄實業與偉雄建設公司的股權，這可能是陳董不樂見的。除了婚前協議外，陳董另一個需使用的方法是，將這兩家公司的章程都做閉鎖設計，於章程中規定，在特殊情況下，公司可以特定價格強制贖回股權。

但此機制有個前提是，股東持有的必須是特別股，若是一般普通股，則無法如此強制贖回，需再想辦法調整股權結構。

陳董、陳太太境外與大陸事業的持股，如能集中置入信託，而不是分散由各子女持有，就可以徹底避免他們各自婚姻風險的問題，因為自始至終他們並沒有持有股權。因此，信託對於婚姻風險的規劃是很重要的工具。可能的架構如圖2-22、圖2-23。

但是，如果今天的情況是陳董跟陳太太的關係不好，陳董要針對陳太太做婚姻風險的規劃，那考量點又不同了。主要的關鍵點在於，如果陳董是婚後才有此考量，且陳董婚前並沒有登記分別財產制，那理論上陳董婚後的財產，陳太太可以主張一半的所有權。所以，如果陳董未經陳太太同意，「偷偷地」將他境外股權全部置入信託，理論上

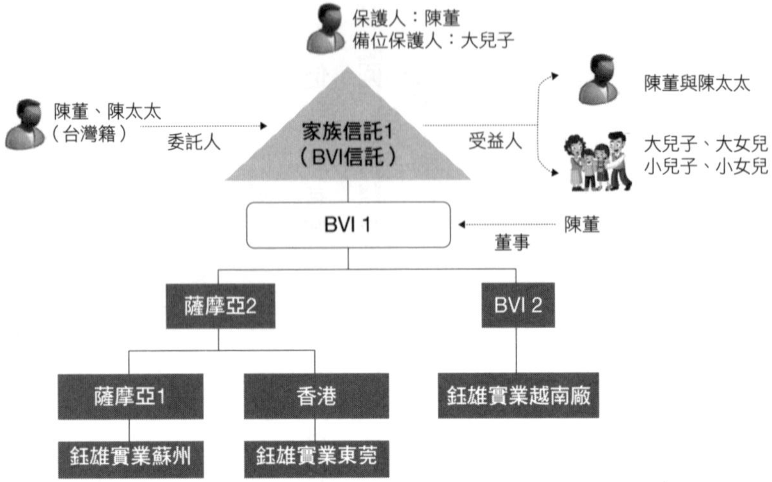

圖2-22　建議陳氏家族紡織公司採用的信託結構（大陸、越南）

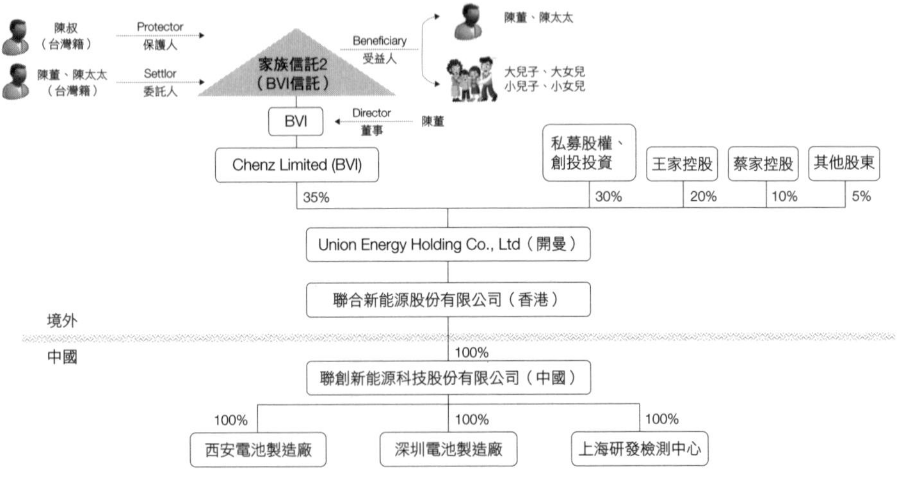

圖2-23　建議陳氏家族電池材料事業體採用的信託架構

是有問題的。因此，以信託作為婚姻風險的規劃工具，最佳時機點是在婚前。

結論：婚姻風險於家族傳承規劃是不可忽視的

- 婚姻風險對家族企業與財富傳承的影響不容忽視，若缺乏事前規劃，家族企業的股權可能因離婚或繼承而流入非家族成員或外部人士，影響企業穩定。
- 閉鎖性公司透過章程設計，可規範股權的流動性，防止非家族成員取得股權，確保企業控制權穩固。
- 信託則可將資產集中管理，使家族成員僅享有受益權而無法直接持股，進一步降低婚姻變數對企業與財富的影響。以信託作為婚姻風險的規劃工具，最佳時機點是在婚前。
- 提前做好完整的防護機制，才能避免未來陷入被動，確保家族資產的長久穩定與傳承。

第2章

世代財富自由與永續家族治理

9 「攻」：世代財富自由——家族資產管理

華山論劍

有一次洛克菲勒家族辦公室（Rockefeller Family Office）的投資長到北京出差，我們特別引薦他與大陸最頂尖的基金經理人之一甲先生（也是我們的客戶）碰面，交流彼此對家族資產管理的心得。甲先生早已財務自由，多年來他思索著如何將他累積的財富建立一個成熟的資產組合（portfolio），即便他後代沒有能人，此資產組合也能源源不斷地產生足夠的現金流，照顧他後代子孫的生活。

兩人相見如故，相談甚歡，聊了一整個下午，交換彼此多年累積的投資智慧與心得，最後，他們想針對一個問題歸納出結論，這個問題是：以他們在資本市場打滾、歷練這麼多年，且績效卓著，如果要建立一個能夠有高度把握、能穩定持續成長的投資組合，世代傳承，這樣的投資組合的投資報酬率（IRR）會是多少？

兩人都先蓋牌，翻牌時，兩人的答案竟一模一樣！您認為答案是多少？

啟發與迷思

答案是五％。什麼？五％？您是否難以相信？甚至覺得自己都比他們厲害！

我有個朋友，有天突然跟我說，他想投資洛克菲勒家族辦公室管理的基金，他很積極地詢問並索取相關資料，三個月後再碰到他時，問他情況如何？他說不投了，原因是四十年的投資報酬率（IRR）只有七％，太低了，不投！我說：「祝福您。」（他已經快八十歲了！）

多數人對投資的理解與認知，就是報酬率越高越好，雖然大部分的人都聽過「高報酬，高風險」，但鮮少有人真把此金玉良言放在心上，能做到的就更少了，這就是為什麼世上就這麼一個巴菲特，也是為什麼詐騙集團永遠生意興隆，騙術持續精進固然是原因，但事情真正的本質是**人性的貪婪**。

但如果您的家族資產不小，又希望能越管越多，世代傳承，那真的需要建立正確的心態與觀念，否則一次川普事件（二〇二五年四月的全球股災）就可能讓您重傷出場了。

如何透過資產配置確保家族財富長青？

大部分能夠致富的家族，主要是來自於成功的企業經營。成功的企業就像金雞母，能夠源源不絕地為家族帶來財富。因此，大部分的家族都能理解「企業利益大於家族利益」的原則，因為企業的興衰，決定了家族財富能持續累積多久。

但問題是，有誰能夠拍胸脯保證，企業能夠年年獲利，甚至持續幾十年、上百年呢？恐怕連台積電這樣的企業都無法保證。隨著科技日新月異，產業更迭的速度加快，一個決策失誤，就可能導致企業陷入經營危機。

這表示，如果企業經營如此不易，我們又該如何確保辛辛苦苦賺來的財富，能夠穩定成長，並源源不絕地為家族帶來現金流呢？以圖2-24來闡釋這個概念。

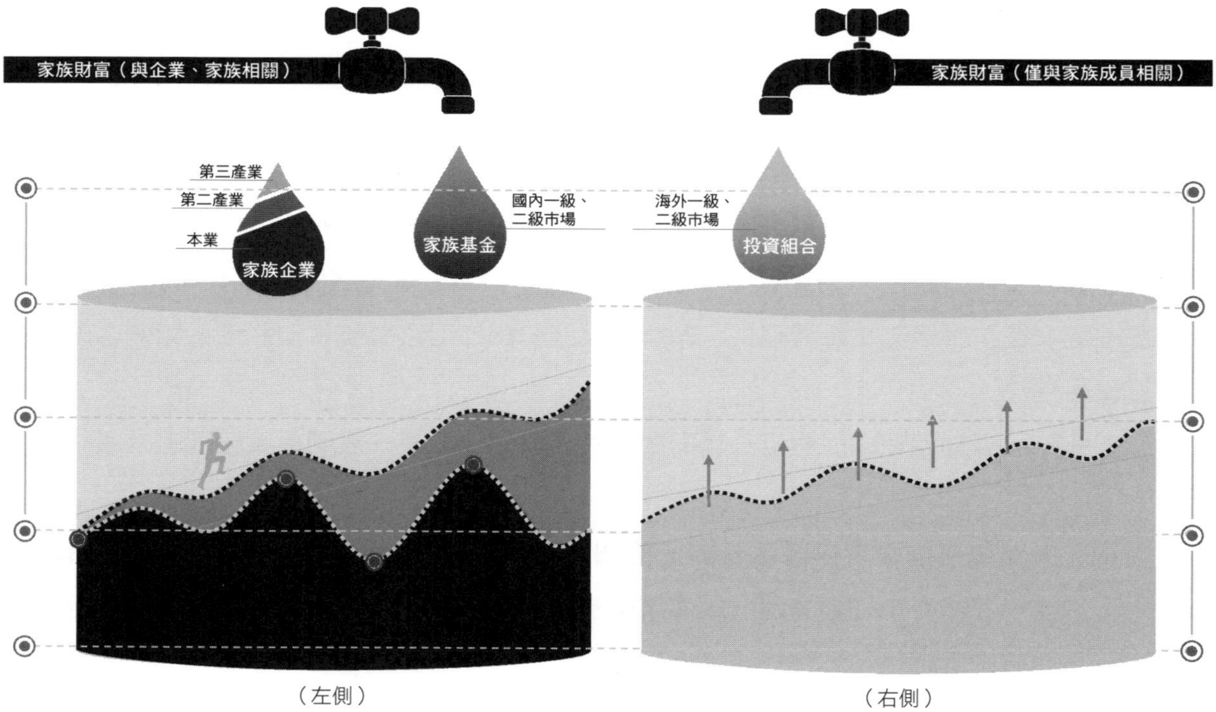

圖2-24　家族基金的戰略目標：建置永續現金流

資料來源：磐合家族辦公室

家族資產管理的核心原則與挑戰

企業經營的獲利曲線往往波動劇烈（圖2-24左側），未來的表現不一定比過去更好，如此的波動與本質並不符合家族利益，也不是我們希望的家族資產管理的模式。我們無法確定家族企業一定每年都賺錢，然而，我們確定家族一定每年都要花錢！因此，家族資產管理的理想狀態應該是波動小且能夠持續穩定向上成長（圖2-24右側）。這樣的財務目標應該是所有家族成員都認同的，畢竟沒有人希望自己的資產大起大落，甚至面臨重大虧損的風險。

如果這個假設前提是正確的，我們可以進一步推導出以下兩個關鍵問題與原則：

一、**家族資產管理的邏輯與本質，與企業投資、經營是不同的**。這項認知極為重要，因為唯有心態正確，投資邏輯才會正確。許多企業家習慣了企業經營的風險與報酬模式，便誤以為家族資產管理可以沿用相同的方式，結果往往導致財富遭受嚴重的損失。

二、**如何建構一個「波動小且能夠持續穩定成長」的資產組合？**這是一門大學問！

許多成功家族在管理家族資產時，因為缺乏這樣的認知，仍然沉浸在股市的漲跌波動之中，幾十年下來，不是虧得一塌糊塗，就是白忙一場，資產並未真正累積與增值。

美國首富家族的典範：洛克菲勒家族

在探討如何建構穩定成長的家族資產管理模式之前，先來了解美國歷史上的首富家族——洛克菲勒家族的案例。

一九一一年，美國政府為了打擊這個富可敵國的超級商業巨擘，透過《反托拉斯法》（Anti-trust Law）將洛克菲勒家族經營的標準石油公司（Standard Oil Company）拆分為三十四家公司，這些公司正是我們今天熟知的雪佛龍（Chevron）、埃克森美孚（Exxon Mobil）、英國石油（BP）、馬拉松原油（Marathon）等國際石油巨頭。可參考圖2-25。後來老洛克菲勒先生把他們持有的這些公司的股權置入信託，架構如圖2-26。

這些公司產生的收益累積在信託裡，帳戶在美國大通曼哈頓銀行（Chase Manhattan Bank，即現今的摩根大通銀行），並由一些顯赫的社會賢達擔任信託保護人委員，監

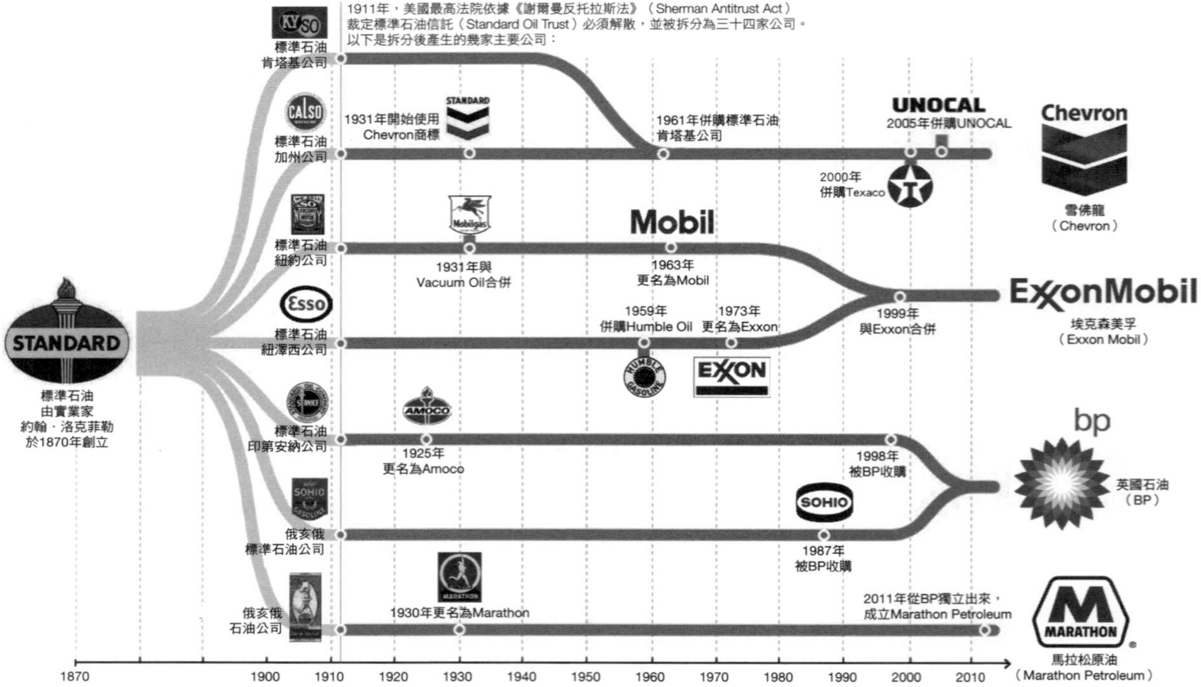

圖2-25　標準石油的拆分及後續變化

資料來源：Wikipedia；圖片來源：Visualcapitalist.com

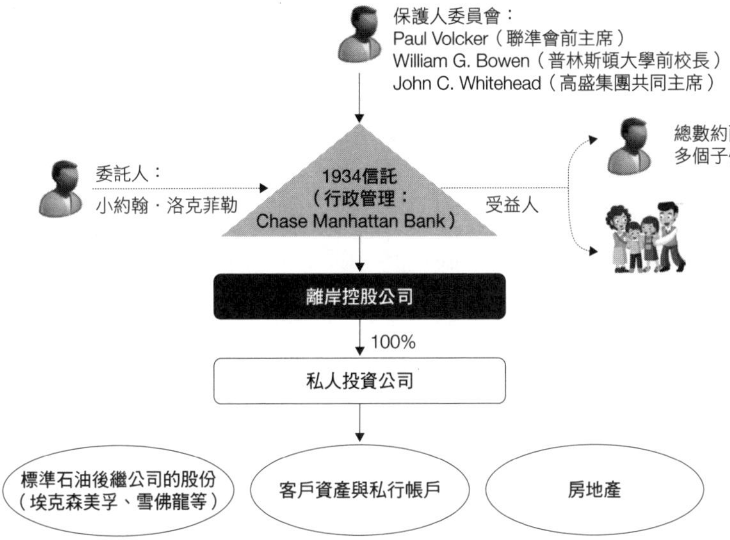

圖2-26　1934信託基本架構

資料來源：磐合家族辦公室

督與管理這些資產。而這九十年來，信託產生的孳息（約四百億美元），透過受益分配至兩百多個家族成員的個別子信託裡。這些資金則由一個專業機構進行專業資產管理：**洛克菲勒家族辦公室**。

洛克菲勒家族是全球第一個成立家族辦公室的家族，成立於一八八二年，聘請一群外部專業人士管理自己的家族資產。

不可思議的兩大家族

其實，洛克菲勒並不是美國歷史上的首富。比他更早的康納勒斯·范德堡（Cornelius Vanderbilt，一七九四—一八七七），人稱「美國鐵路大王」，當時的財富高達一億美元（相當於現在的三千億美元，占當時美國GDP的八十五分之一）。康納勒斯去世前，將鐵路帝國交給兒子威廉，威廉在七年內將資產翻倍到兩億美元，但不久就病逝了，然後再傳給他三個兒子。

他三個兒子的成就遠遠勝過他父親與爺爺，因為他們三人在短短三十年內就把家產敗光了，堪稱歷史上曠世成就！

舉這個例子，只是為了與洛克菲勒家族做對比。他們分別是美國歷史上第一、第二富豪家族，甚至在時間上是有重疊的，但一個家族傳到現在第八代依舊富可敵國，另一個則在三十年內徹底瓦解。這中間的差異何其巨大！

家族資產管理的獨特性

家族資產管理是有學問的！如果不能有明確與清楚的認知，還是用一般的投資邏輯在管理家族資產，大部分結局都不會太好。

筆者有幸與**洛克菲勒家族辦公室的投資長**是十多年的好友，經常向其請益與學習投資操作的智慧與邏輯。筆者去年亦到**哈佛與哥倫比亞商學院**研習家族傳承課程，獲益匪淺。筆者將其中有關家族資產管理的內容精華摘要如下，供大家參考：

一、管理代際財富所面臨的挑戰有哪些？

- 家族人數呈幾何級數增加。
- 代際間的需求和想法發生衝突。
- 企業中的家庭成員和企業外的家庭成員的心態差異（Equal v.s. Fair）。
- 平衡企業中家族成員與非家族成員的角色和責任。

二、制定戰略性的投資目標和宗旨，並保持長期觀點是不可或缺的，關鍵在於確保所有成員對這些目標達成一致共識，以避免代際分歧影響目標的實現。

三、家族資產管理的核心關鍵原則：

- 家族資產需與公司資產分離。
- 資產集中不分家（但投資標的要分散）。
- 複利的力量與長期投資的視野。
- 仿效巴菲特的投資邏輯：要有長遠的思考、投資高品質資產、需保持耐心、忽略短期波動、忽略華爾街的影響。

- 嚴格控制支出。

四、大衛·史雲生（David Swenson，耶魯大學捐贈基金前投資長）的投資邏輯：

史雲生以管理家族財富的角度來管理耶魯大學捐贈基金，耶魯大學有三百二十五年的歷史，投資時應考慮三百二十五年的長期發展。捐贈基金的管理與家族辦公室非常相似，需要兼顧當前的需求和長期的管理目標。

五、分散資產類型和地域。

六、「代管」的觀念：讓家族成員知道自己是家族財富的未來管理者。這筆錢不是用來揮霍的，而是需要負責任地管理和為下一代做好準備。

七、鼓勵家族成員出外創業（製作蛋糕），而不是都等著切蛋糕。

八、**洛克菲勒家族辦公室投資長Jimmy Chang分享的投資哲學：**

- 重分散，輕集中。
- 長期投資視野，搭配靈活調整。
- 取得最優秀的專家意見。
- 不拘泥成見；保持開放心態。

- 「你對過去了解得越多，越能替未來做好準備。」——羅斯福總統
- 「投資中最危險的四個字是：『這回不同』。」——約翰．坦伯頓（John M. Templeton）爵士

結論：家族資產管理與家族企業資產分開

- 從洛克菲勒與范德堡兩家族的對比，我們可以理解：透過信託制度、專業家族辦公室與嚴謹的分散配置，才能確保家族資產不因一時風浪而重創，且能富過三代。
- 家族資產管理的成功，關鍵不在於追求高報酬，而是建立能穩定產生現金流的資產組合。五％的投資報酬率或許看似保守，卻是在波動與風險中持續累積財富的合理基準。
- 家族資產管理的二大關鍵：第一，理解與充分認知家族資產管理的邏輯與本質，與企業投資、經營是不同的。第二，致力於建構一個「波動小且能夠持續穩定成長」的資產組合。

- 唯有正確區分企業經營與家族資產投資管理的邏輯，並將每一代成員視為「代管者」，家族財富才有可能真正長遠傳承。

10「傳」：國有國法，家有家規——家規即是家族憲法

家族憲法，讓難開口的婚前協議水到渠成

有一天突然接到客戶林董的電話，說他女兒有個交往對象，突然間小倆口說想在年底訂婚了！老爸突然有點措手不及，因為其實他本來還盤算著要怎麼跟女兒談婚姻風險預防的事，一直找不到開口的好機會。因為林董的家族企業是個知名的上市公司，有鑑於這幾年一些公司發生家族與市場派股權爭奪事件，深怕家族股權流出到非家族成員手中，因此本來就一直想跟女兒說，未來一定要簽婚前協議才能結婚，但現在怎麼辦呢？

我們說：「林董別擔心，我們給您出個主意，我們趕快在這兩個月擬定您家族的家族憲法，其中的一個重點是『為了我們家族企業的永續經營與傳承，股權集中不分家，

家族成員於婚前需簽署婚前協議，以避免家族股權流出至非家族成員。』然後由我們去跟準女婿溝通：『我們家立有家族憲法，這是我們的家規，請您理解。』」

於是我們很快地協助林董完成他們家的家族憲法，也藉此把他對家族中的許多想法梳理了一遍，之後我們去跟準女婿喝咖啡，聊得也很順利，準女婿說：「其實我們家也有家族憲法，也需要她簽婚前協議！」

啟發與迷思

當家大業大，又想家業長青、永續傳承時，立規矩就成了一件很重要的事情，尤其當後代因為婚姻而帶入不同姓的成員，再加上現在多國籍的「聯合國家庭」已很普遍，讓家族創一代要長期維繫其價值觀與理念成為不可能的任務！家族憲法要發揮的就是此作用與功能。

有些人說家族憲法又不是立法院三讀通過的法律，沒有強制力，何必大費周章做沒用的事？其實立家族憲法的核心工作之一，是確立家族治理的運作規則，好的家族治理能確保家族憲法良好運作，效力還是很強的！

解構家族憲法

我常舉一個例子：一家公司在運作時，最重要的法律文件是什麼？沒錯，是公司章程。**家族憲法，就是一個家族在運作時的最高指導原則。**

為什麼需要家族憲法呢？試想，當一個家族開枝散葉，到第三代、第四代人數眾多時，同時又加上許多姻親，甚至是聯合國家庭，**此時若沒有一套統一的運作規則，要如何凝聚家族成員彼此的共識與利益？**這時，就不難理解家族憲法的重要性。

那麼，家族憲法通常會涵蓋哪些內容呢？圖2-27提供了清楚的架構。當中，**家族憲法哪個章節最重要呢？其實，每個章節都很重要，都不可或缺。**

家族特殊資產：談家族論述與價值觀

通常一開始，我們會先交代創辦人創業的歷程，敘述整個家族企業是如何從零發展到今天這樣的成就，進而形塑出創辦人獨特的企業文化與家族價值觀。

核心即是要探究與論述：「是什麼特殊原因與元素，造就了我們家族今天的成功，

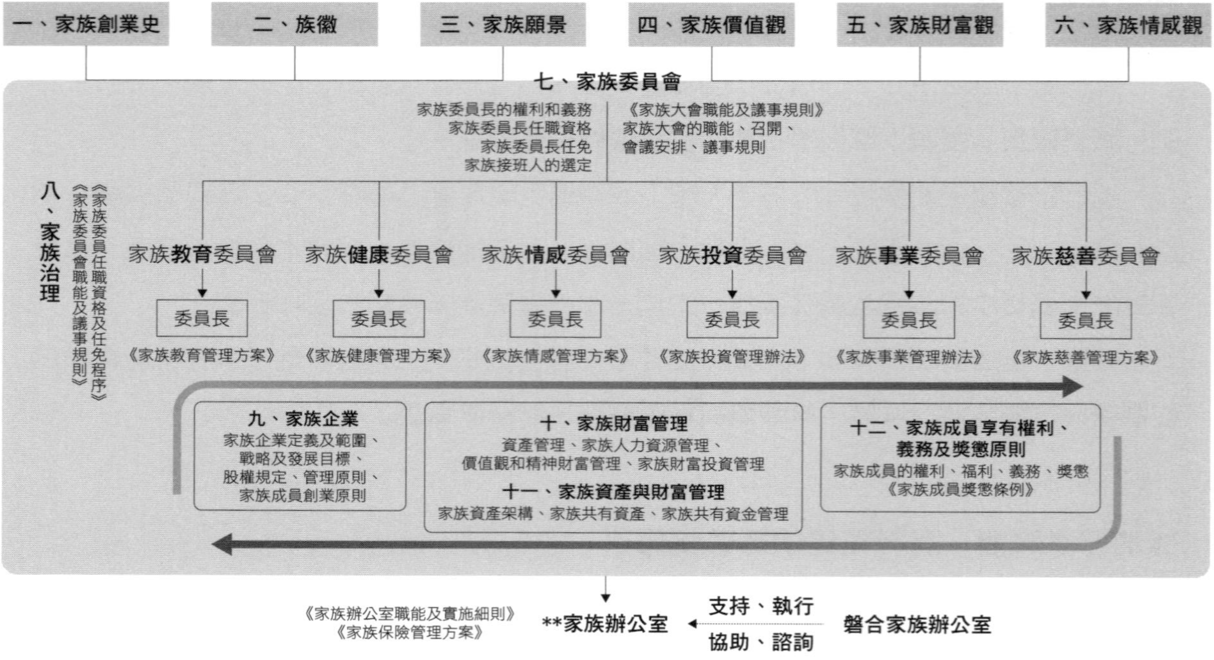

圖2-27　家族憲法的邏輯框架

資料來源：磐合家族辦公室

並使我們與眾不同？」這正是范博宏老師常講的**「家族特殊資產」**。此方面的梳理對家族很重要，因為它能形塑出家族的榮譽感與使命感，進而凝聚家族成員。

事實上，舉凡任何一家偉大、成功的企業，都會把形塑與提煉企業文化，視為企業經營中極重要的事，不斷透過定期教育訓練，將此信念深植於每位員工的內心。這個道理，**在家族內部也是一模一樣的**。在提煉出特殊的家族價值觀後，即可製作**專屬於我們家族的家徽、家訓**，並進一步思考與擘劃我們的**家族願景**。這些對於讓家族能走得又長又遠，都具有非常關鍵的作用。

我們希望，家族的第四代、第五代成員，雖然都沒見過創辦人，但都能了解、體認創業維艱，一切得來不易，要能珍惜現在的一切，心存感恩。

你（妳）是我們家的人嗎？談家族成員的定義

探討完精神層面後，第一個重頭戲是：「**家族成員的定義**」。**為什麼家族成員的定義至關重要？**因為家族憲法裡會訂定「家族成員」可以享有的福利，以及所需負擔的義務。例如，洛克菲勒家族至今已傳到第八代。第八代成員仍可享受創辦人老洛克菲勒先生所設立的信託每年的受益分配。但**如果你不是「家族成員」，或不被視為家族成員，那信託分配的對象自然就沒有你。**

以下是定義「家族成員」時經常會遇到的問題：

一、一定要是我們家的姓氏嗎？
二、女婿與媳婦算嗎？第三代及之後的配偶呢？
三、女兒的後代算嗎？
四、收養的算嗎？
五、非婚生子女算嗎？
六、如果我們家二代都是女兒，那家族成員如何定義？
七、如果創辦人有二次婚姻，分別都有子嗣，那家族成員如何定義？

情況往往很複雜，那上述問題的答案是什麼呢？**答案是：沒有標準答案！**因為每個創辦人的想法都不一樣。

不過，有一個重點要特別提醒的是：**「女婿與媳婦算不算家族成員？」這個問題非**

常敏感。有些創辦人高度重視血緣，女婿或媳婦一概排除。通常這時我會提醒創辦人：「制定家族憲法的目的，是為了什麼？」如果一開始召集家族成員來簽家族憲法時，配偶就被明確排除在外，那是不是還沒能凝聚家族成員的感情，就先造成分裂了？這樣好嗎？這個問題一樣沒有標準答案，**一切取決於創辦人的態度與想法**。

將家族成員的定義釐清之後，下一個重頭戲是：**家族決策委員會**。

家裡的「董事會」：家族決策委員會

其實，家族憲法的核心本質，就是**把「家族」當作一家公司，有系統地、制度化地經營**。家族憲法就像公司的章程，而家族決策委員會，則如同公司的董事會。因此，由誰、以及誰能夠擔任家族決策委員，就顯得非常關鍵了。簡而言之，也就是：**誰是家裡的權力核心？**那麼，家族決策委員會要如何產生？同樣地，這個產生機制與遊戲規則，**每個家族都不同，見仁見智**。

舉例來說，德國默克家族有一套非常縝密與複雜的制度，用來培養家族成員後代，再從中挑選出家族決策委員候選人。而這些候選人，又必須經過多年的歷練與觀察，最後才會被正式選為委員，進入權力核心。即便如此，默克家族的家族決策委員會，仍納入了幾位外部專業人士（例如默克企業的部門CEO），**形成家族與專業經理人共治的機制**。

這套機制，目前在國內也慢慢形成一股風氣，已有一些大家族仿效與採用。不過，大部分家族因規模尚未達到一定程度，家族決策委員會仍多以**純家族成員**組成為主。

家族決策委員會機制完成後，下一步，就是家族治理機制與家族辦公室的建立。這部分，我們會在**下一篇文章**詳細論述。

家族財富該怎麼打理？

當家族股權集中、不分家，以及家族信託建立之後，家族企業的分紅，自然會集中到一個資金池。這個資金池可以統稱為「家族共同基金」或「信託基金」，通常有**四大作用**：

一、家族活動的整體花費，由此支付；

二、可利用此資金，進行家族企業擴張的戰略投資；

三、家族成員的受益分配，也由此支出；

四、此資金亦可用作「家族成員創業激勵基金」。

總而言之，這個資金池就是**家族的現金水庫**，用途多元、影響深遠。因此，**平時如何管理這筆資金？誰有權管理？管理的遊戲規則是什麼？**這些都是極為重要的議題。

家族憲法只是個花瓶？

每次在制定家族憲法之前，客戶總會問我一個問題：「家族憲法具有法律效力嗎？」如果沒有，那花大把力氣弄這些**有什麼用呢？**答案是：家族憲法不是經立法院三讀通過，當然**不具有法律效力**，但它具有**雙方當事人合意的「契約效力」**。

那麼，當事人不遵守時，這份家族憲法能經法院強制執行嗎？答案是：恐怕有困難。客戶的下一個問題自然就是：「那訂它做什麼啊？」**別擔心，有經驗、功力深厚的專家，可以在各個機制的建立與設計上，做到「威力很強」，讓家族成員「不得不」遵**

守。這就是眉角與關鍵之處。

家族憲法是「最偉大的文學作品」？

周杰倫替自己的專輯命名為《最偉大的藝術作品》，您同意嗎？我是他的粉絲，但說真的，也沒有百分之百同意。

每次協助創辦人撰寫家族憲法時，我都會再三提醒他們：「**別讓您的家族憲法，成為『最偉大的文學作品』！**」這是什麼意思呢？如果只有創辦人自己訂各種規則訂得很開心，但缺乏家族成員的參與和共識，無法執行、無法落實，那最終家族憲法真的就會變成**孤芳自賞的文學作品**！因此，**制定家族憲法的過程中，家族成員的參與非常重要**。

制定家族憲法的目的之一，就是要**凝聚家族成員的共識**。而這當中，**思想交流與溝通的過程特別、特別重要**！要是弄得天怒人怨，就真的得不償失了。

成功的家族憲法，不是寫得最好，而是凝聚得最深！

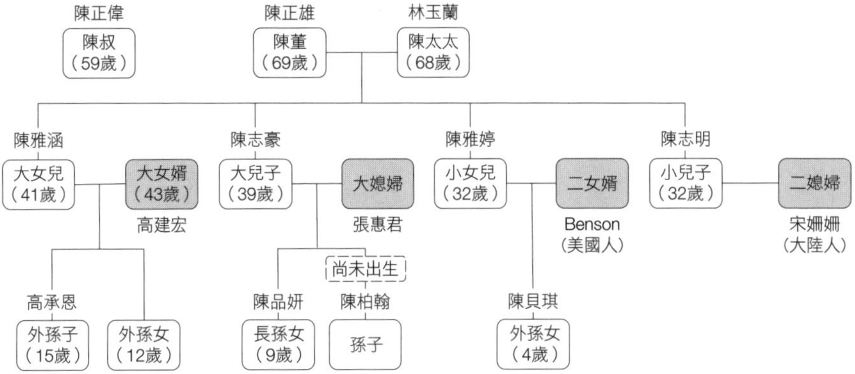

圖2-28　陳氏家族成員關係圖

從陳氏家族案例，看家族憲法的重要性

我們從圖2-28來看陳董家族的情況。不論是家族成員與資產的複雜性，還是家族企業的規模，陳董都很有必要及早制定家族憲法，建立明確的遊戲規則，以達到永續傳承。所需面對的種種問題與考量，我們在前面已一一論述。

陳董若不將他對整個家族長遠未來的願景、規劃等想法，清楚、完整地以一部家族憲法來論述與呈現，隨著家族成員增多，每人想法與立場迴異，姻親也會帶入他們自己家族的觀念與想法，種種情況都不利於陳董將其理念貫徹，遑論永續傳承。對陳董而言，擬定家族憲法會是一番不小的工程，但在專業且有經驗的專家引導下，陳董可以一一去面對並梳理這些問題，對陳氏家族的永續傳承，幫助會非常大。

結論：家族同心，其力斷金

- 現代的大家族很多都是多國籍的「聯合國家庭」，若沒有一套統一的運作規則（即家族憲法），如何能凝聚家族成員彼此的共識與利益？
- 「是什麼特殊原因與元素，造就了我們家族今天的成功，並使我們與眾不同？」「家族特殊資產」的梳理對家族很重要，因為它能形塑出家族的榮譽感與使命感，進而凝聚家族成員。
- 別讓您的家族憲法，成為「最偉大的文學作品」！在家族憲法訂立的過程中，若能讓大家多參與、多表達意見，對於家族成員彼此感情的凝聚，以及共識的形成，會有極為重要的作用。在異中求同，讓大家體認到「團結力量大」，這才是制定家族憲法的真正目的。

11 「傳」：家要如何「治」與「理」？

家族信託是銅牆鐵壁，牢不可破？

曾有一位明星，她的母親與哥哥愛賭成癡，為了預防她累積多年的財富，死後被媽媽與哥哥揮霍殆盡，她成立了一個信託，除了有一小部分財產給外甥和姪女作為教育基金外，每月給媽媽將近台幣三十萬元的生活費，外加一位司機與傭人。

她過世後果然如她所料，媽媽揮霍無度，因為每月三十萬仍不夠用，二十年間不斷地對信託提出多項官司，企圖打破信託、獲取全部財產，即便後來信託已將其生活費提高到每月一百萬，媽媽依然不滿足。

最後媽媽因為積欠巨額律師費無力償還，宣告破產，信託也因為要聘請律師應付媽媽的無止盡騷擾，耗盡信託資產，造成後續信託財產現金不足，信託公司決定將這位明星所有的遺物進行拍賣換取現金，其中甚至包括她獲得的獎座及個人貼身衣物等。

她的名字叫梅○芳。

啟發與迷思

梅○芳生前設的信託有發揮信託的功用嗎？有的，而且再次證明信託牢不可破！信託確實預防了敗家的親人一次敗光家產，問題是人心不足蛇吞象，一個月三十萬的生活費不夠，一百萬也不夠，非得要全部！發動無數官司，最後耗盡自己與信託資產，兩敗俱傷！

信託並非家族傳承的萬靈丹，人的心靈素質同等重要，要如何培養與塑造家族成員的心靈素質？靠的就是「家族治理」。

家族治理：讓傳承制度真正運轉的關鍵機制

上一篇文章談到了家族憲法。我們說，家族憲法就如同一家公司的章程，那麼，什麼是家族治理呢？它相當於一家公司的各個部門，負責推動公司整體的營運。

一家公司若要業務興盛、永續發展，光有一部完善的公司章程是不夠的，更關鍵的是必須擁有一群優秀的人才，持續推動公司各部門運作，就像一部機器不間斷地運轉。公司如此，家族亦然，這就是「公司治理」與「家族治理」的核心精神。透過圖2-29可以更清楚地說明這個概念。

從家族委員會到家族辦公室的落實

家族裡設置各個委員會，有序地推動家族內各項事務，就如同公司內各部門各司其職，專業地推進公司各項業務。圖2-29所列的委員會是大多數家族需要設置的委員會。有些家族會把情感與教育分為兩個委員會，而家族事業委員會通常由當家的創一代掌管。

這幾個委員會，**您認為哪一個最重要呢？大多數家族會認為是情感與教育**。

當然，這不能說他們不重視事業與投資或健康，而是大多數家族都體認到：教育是一切的根本，沒有優秀的後代人才，家族事業如何能長青？因此，**所有的家族都極為重視教育（二代培養）**。另一方面，**家族成員間如果情感不好，設再多、再嚴密的架構，**

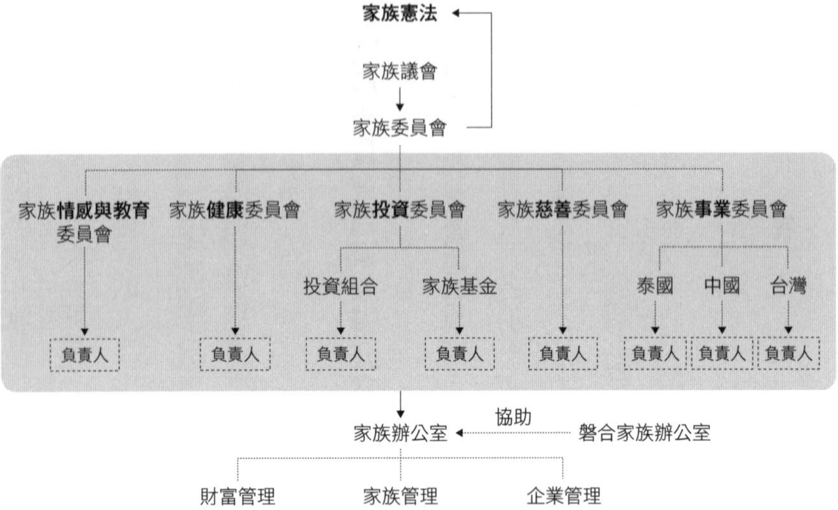

圖2-29　家族治理與家族辦公室（架構）

資料來源：磐合家族辦公室

其實都枉然，都很容易因內爆而出問題，某首富家族即是典型案例。

因此，如何藉由舉辦定期的家族活動，聯繫、增進家族成員間的情感，是家族治理非常重要的核心工作。

家族情感聯繫的起點：家族聚會與家族會議

家族會議是家族治理中很重要的一環，它就如同公司召開股東會，是家族成員進行溝通的正式平台與管道。通常，我們會在家族憲法中明訂有哪些事項必須提交至一年一度的家族會議中討論與通過。而在實務上，我們也經常協助創辦人推動與召開家族會議。

為什麼需要我們這些外部人士來協助推動家族會議呢？試想，如果您父親說要開家族會議，好不容易把大家都找來了，一方面大家你一言、我一語地閒話家常；另一方面，有些話親人之間其實不太好說出口。這樣的家族會議，很難開得好。因此，**由專業的第三方來主導與引導家族會議的進行，是有必要的**。

事實上，多數家族會議是創辦人「刻意安排」的結果。每一年的家族會議，創辦人通常都會有其想達到的特定目標與效果，這些都需要事前刻意安排與設計。例如：安排搭配主題式的培訓課程、針對特定議題進行團隊建立（team building）等，以解決當下家族所面臨的問題與弱點，或是**傳達創辦人想對家人表達的深層訊息**。這些目的與效果，往往都需要外部專業第三方的參與和協助，才能做到。

「小心駛得萬年船」：家族投資委員會

很多家族二代都喜歡專注做資產管理，不喜歡做本業，尤其是傳產。而科技業因為產業競爭太激烈，二代能接班或適合接班的也不多，因此專注做投資常是他們偏愛的選項。

當創辦人還在時，家族投資大都是由其全權掌控。但為了培養二代投資理財的能力，此時即可納入（involve）二代當投資委員會的副委員長，讓他參與投資理財的操作與決策過程，建立培養機制。尤其如果家族有涉入私募股權、創投、天使投資，更可藉由家族成員擔任管理人（GP）的過程，培養二代的專業投資能力。

家族資產管理的邏輯與企業或一般投資有重大、本質上的不同，筆者在前文〈「攻」：世代財富自由——家族資產管理〉已詳細論述，於此要特別強調與提醒的是，**在培養二代的投資管理能力時，務必嚴格控管二代操作的資金額度**，原因是年輕人經歷過的經濟週期有限，對於投資報酬的追求大都很激進與貪婪，曝險程度很高，一旦遇到黑天鵝事件通常會受傷慘重，若其掌控的投資部位大，將使家族遭遇重大損傷、難以彌補，不可不慎！

「施比受有福」：家族慈善委員會

愈來愈多的企業家體會到，**企業與家族要能長青、永續，最終的境界是「利他」**。他們都體悟到「利他」最終還是會「利己」，這也是中國老祖宗所說的「施比受有福」。因此，很多成功企業、家族都投入慈善工作，而且是「事務型」的慈善，也就是親身深度參與與執行，而不只是捐錢。此時，家族成立慈善委員會，由家族成員（通常是創辦人夫人與媳婦）投入執行，即是很好的做法。

在協助每個家族傳承規劃的過程中，我經常刻意鼓勵家族成員要多投入慈善工作，原因是在此過程當中，**它能帶給家族成員的反思與教育，遠勝過創辦人教條式的千言萬語**。它不只是帶給家族正面的社會形象，更重要的是能親身深刻體會到「施比受有福」的價值，進而給家族帶來很大的正面能量。

家族的總裁辦公室：家族辦公室

什麼是家族辦公室？很簡單的比喻是：家族辦公室就像一個公司的總裁辦公室，有一群人在協助總裁或執行董事會（executive board）執行一些行政工作。

它可以是由自己家族成員組成，也可以聘請外部提供專業服務的家族辦公室來擔任。舉凡家族會議與家族各委員會的召集與召開、決議事項的執行、特定議題的研究與評估、協助搜尋適當的外部專業機構等，都是家族辦公室的工作範圍。

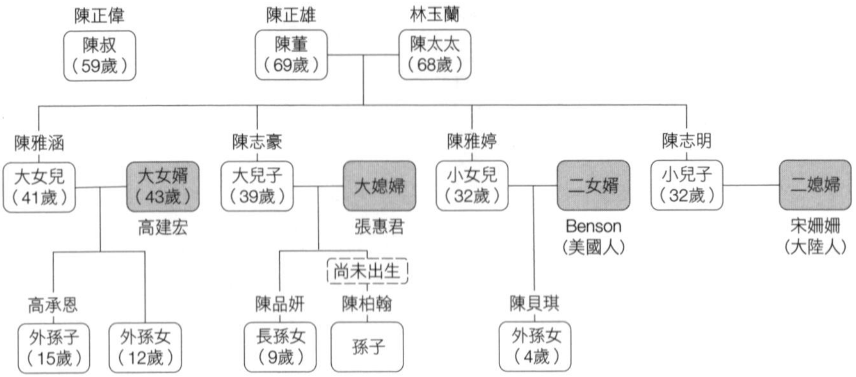

圖2-30　陳氏家族成員關係圖

家族辦公室該設在哪裡？它還可以承擔什麼重要職能？為什麼全球富豪蜂擁到新加坡成立家族辦公室？「單一家族辦公室」（Single Family Office）與「聯合家族辦公室」（Multi Family Office）有何不同？這些問題會在下文詳細解答。

最後，家族憲法、家族議會、家族決策委員會、家族各委員會與家族辦公室，形成一完整的閉環，各自在不同的層次與角度發揮其職能與作用，為整個家族的永續良性傳承提供源源不斷的能量與動力。

從陳氏家族案例看家族治理

我們來看看，陳氏家族的家族治理可以怎麼做？請見圖2-30。

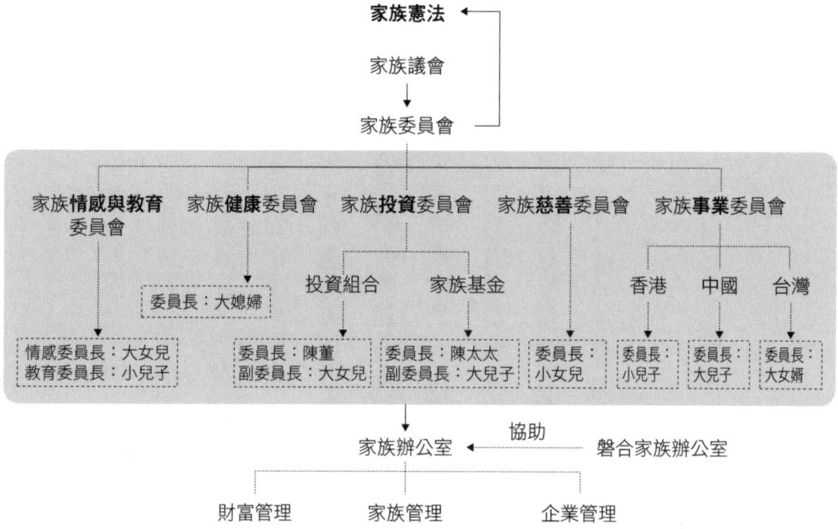

圖2-31　家族治理與家族辦公室（陳氏家族）

資料來源：磐合家族辦公室

首先，陳氏家族是個聯合國家族，來自各個不同文化背景。這在實務上很常見，對同一件事情，很可能每個家庭想法都不同，利益與立場更不相同。

除了機制上有高度必要制定共同的遊戲規則外（如：閉鎖性公司、信託、家族憲法等），更需於平時透過各種活動去維繫各家庭間的感情、價值觀與柔性層面的東西。他們可以參考圖2-31建立各個委員會，持續不斷地推動上述事項。

各家族成員依其專長與個性，擔任各委員會不同的職務，例如：

一、情感委員會委員長由通情達理的大女兒擔任，每年編列預算，有系統、有計畫地推動家族聚會活動，增進家族成員之間的情誼；

二、教育委員會委員長由家族裡最會念書、學歷最高的小兒子擔任，負責給家族第三代設計長遠的學習計畫；

三、健康委員會委員長可以由有醫療背景的家族成員擔任，可以為每位家族成員安排每年健康檢查與運動計畫；

四、投資委員會委員長由陳董擔任，可安排陳董相對較信任的家族成員擔任副委員長，安排長期的資產管理能力培養；

五、慈善委員會委員長大都是由媽媽、女兒或媳婦擔任，讓他們平時於照顧家庭之餘可以與社會多一份連結與活動；

六、事業委員會通常是與企業連結，對應家族成員於家族企業中負責的部門與角色；

七、以上委員會各項事務，每年底或年初於家族會議中進行年度檢討與預算審查，並討論下個年度的重點工作。

以經營一家企業的專業與嚴謹，來經營自己的家族事務，家族自然能永續、長青。

結論：利他、完善、專業的家族治理，代代不墜

- 唯有建立完善的家族治理制度，家族傳承的制度設計才能真正落實。從家族委員會到家族會議，從投資管理到慈善參與，每個機制的背後都是對家族責任與信念的深度呼應。
- 治理的目的不只是控管權力與資產，更是讓每位成員在制度中找到角色、凝聚情感與價值觀。
- 愈來愈多的企業家體會到，企業與家族要能長青、永續，最終的境界是「利他」。鼓勵家族成員多投入慈善工作，在此過程當中，它能帶給家族成員的反思與教育，遠勝過創辦人教條式的千言萬語。
- 唯有將經營企業的專業精神導入家族事務，並持續投入時間與關係維護，家族才得以共識前行，代代不墜。

12 「傳」：為什麼「家族」要有自己的「辦公室」？

家族辦公室是什麼？該到哪裡設？

我有一個台商客戶，是手機某個零組件的隱形冠軍，他說最近好多海外私人銀行與會計師都在跟他講設立新加坡家族辦公室，只要在新加坡設個基金，放入兩千萬新幣，就可以幫他們全家拿新加坡身分，為兩岸政治風險做準備，也在海外有個保險金庫，還可以設立信託做傳承的安排，他聽了很心動！

他自己上網查了一下，也問了ChatGPT，發現除了新加坡以外，香港、杜拜、瑞士也都可以設家族辦公室，而且也都說自己很好，頓時他有點迷糊與猶豫了。這幾個地方到底有什麼差別？設家族辦公室應該考慮哪些重點呢？

啟發與迷思

很多高資產人士、家族都有類似的情境與問題，但常常越弄越糊塗，原因是大部分的銀行與會計師在「推銷」新加坡家族辦公室時，通常都無法以簡單的語言講清楚為什麼要這麼做？做了可以達到什麼效果？

有些人在跟流行的情況下就做了，但除了一開始架構搭建的費用外，沒弄清楚之後每年要投入的成本代價，更遑論全盤完整的企業經營與傳承規劃，非常可惜。

好的家族辦公室規劃，不管是在企業與家族稅務籌劃、資產管理、傳承安排、二代培養等方面，都可以發揮關鍵作用。

什麼是家族辦公室？

很多人問我：「什麼是家族辦公室？」我常開玩笑地說：「就是賣高檔辦公家具的。」尷尬的是，不少不在這個行業的人還真的信以為真。

雖然家族辦公室這個行業在台灣已發展至少五年，在大陸更超過十年，但即便是行業內的人，也很少有人能用簡單的三言兩語講明白。為什麼呢？一是因為這個行業本身存在的亂象容易讓人一頭霧水，二則是看從什麼角度談這個問題。

從狹義而言，專業的家族辦公室主要是為一個或多個高資產家族提供傳承相關的服務，包括股權與資產傳承規劃、稅務規劃、資產管理等。

但從廣義而言，只要是為一個或多個高資產家族提供各式各樣的服務，也可以自稱為家族辦公室，例如管家服務、奢侈品買賣服務、健康管理服務，甚至聊天服務也算。

因此，市場上就出現各種「家族辦公室」服務公司，搞得客戶一頭霧水：「怎麼這麼多家族辦公室啊？」嚴格來說，他們都沒有錯，都可以叫家族辦公室。賣保險的也叫家族辦公室，賣基金的也叫家族辦公室，銀行也叫家族辦公室，會計師事務所也叫家族辦公室……只要跟家族服務可以沾上一點邊，都可以叫家族辦公室。

還有另一種分類方式，是「單一家族辦公室」（Single Family Office, SFO）和「聯合家族辦公室」（Multi Family Office, MFO）。

如果是一個高資產家族，為自己家族建立的家族辦公室，目的只是專業管理自己家族內部事務，這叫單一家族辦公室，典型例子是比爾・蓋茲（Bill Gates）的 Cascade Investment LLC。

如果是由一群專業人士組成，主要領域包括法律、稅務、會計、投資等，提供專業服務給高資產家族並收取服務費，這叫聯合家族辦公室，例如磐合家族辦公室。

還有另一種混合型（hybrid）的。他們最初是一個高資產家族為自己成立的SFO，因為管理得很成功，許多圈內朋友也希望把自己的家族資產託付給他們管理，同時也能擴大資產規模，因此進一步由SFO擴展為MFO。典型的例子就是洛克菲勒家族辦公室。

相信您會覺得豁然開朗許多，下次如果再拿到家族辦公室的名片，就可以進一步問他（她）：「您實際上是做什麼業務？您是SFO還是MFO？」對方就會肅然起敬！

全球富豪的最愛：新加坡家族辦公室

此時，有兩個國家或地區，推出一系列法令，希望吸引全球富豪去他們那裡設立家族辦公室，這又讓人有點困惑了。表2-5是在新加坡設立家族辦公室的相關規定。

簡而言之，就是希望你把錢（最少兩千萬新幣）放在新加坡，設一個新加坡公司（也就是自己的家族辦公室SFO），來管理自己家的錢，並提供當地的一些稅務優

表2-5　在新加坡設立家族辦公室的相關規定

項目	離岸基金稅收優惠計畫 13D（原為 13CA）	在岸基金稅收優惠計畫 13O（原為 13R）	增強型基金稅收優惠計畫 13U（原為 13X）
基金的稅務居民身分	• 非新加坡稅務居民	• 新加坡稅務居民	• 任何稅務居民
基金的法律形式	• 公司 • 信託 • 個人	• 新加坡註冊公司	• 任何實體 • 管理帳戶
基金行政管理人	• 沒有限制	• 位於新加坡	• 位於新加坡，若基金是新加坡註冊公司和新加坡稅務居民
申請	• 無需申請	• 向新加坡金融管理局申請	• 向新加坡金融管理局申請
最低資產管理規模要求	• 建議500萬新幣	• 正式提交申請時及整個稅收優惠期間資產規模至少達到**2,000萬新幣**的指定投資 • 如果指定投資的資產管理規模在稅務優惠開始後的**任何一個時間點低於2,000萬新幣**，該年則**不能享有免稅優惠**	• 正式提交申請時及整個稅收優惠期間資產規模至少達到**5,000萬新幣**的指定投資 • 如果指定投資的資產管理規模在稅務優惠開始後的**任何一個時間點低於5,000萬新幣**，該年則**不能享有免稅優惠**
合規義務	• 無需向新加坡金融管理局申報 • 除非賺取非免稅收入，否則不需要向新加坡國內稅務局申報企業所得稅	• 需要向新加坡金融管理局進行年度申報 • 需要向新加坡國內稅務局申報企業所得稅	• 需要向新加坡金融管理局進行年度申報 • 需要向新加坡國內稅務局申報企業所得稅
本地投資	• 無	**使用資產管理規模的10%或1,000萬新幣（兩者取低值）進行本地投資** 包括：（i）在MAS批准的交易所上市的股票、房地產投資信託基金、商業信託或ETF，（ii）合格債務證券，（iii）持牌的新加坡金融機構分銷的非上市基金，（iv）投資於在新加坡註冊並擁有經營業務和實質性存在的非上市新加坡公司，（v）氣候相關投資，（vi）混合融資結構財政的實質性參與新加坡的機構 • 必須在第一個全年的MAS年度申報結束時以及隨後的每個財政年度**滿足資金配置要求**	
業務支出要求	• 無	資產管理規模 ／ **最低本地總商業開支** <5,000萬新幣 ／ 20萬新幣 5,000萬新幣≤規模<1億新幣 ／ 50萬新幣 ≥1億新幣 ／ 100萬新幣	資產管理規模 ／ **最低本地總商業開支** 500萬新幣≤規模<1億新幣 ／ 50萬新幣 ≥1億新幣 ／ 100萬新幣
人數要求	• 至少需要一名投資專業人士，以證明家族辦公室的實質性	• 在提交正式申請及整個稅收優惠期內，**至少兩名投資專業人士**，且其中至少一名投資專業人員必須是**非家族成員**	• 在提交正式申請及整個稅收優惠期內**至少三名投資專業人士**，且至少一名投資專業人士是**非家族成員**
共同特徵	• 由明確豁免持有資本市場服務（CMS）執照的新加坡單一家族辦公室管理或提供建議 • 基金從「指定投資」賺取的「特定收入」可免稅 指定投資（節選）：股息、利息、出售證券之收益； 指定投資（節選）：股票、債券、票據、商業票據、國庫券和存款證明、交易所交易基金或其他證券； • 在申請時和整個稅收優惠期內，基金實體必須在新加坡金融管理局許可的金融機構開設和維持最少一個私人銀行帳戶		
補充說明	• 關於商業開支包括：管理費、銀行費用、交易費、會計服務費用和稅務申報服務費等； • 13O、13U，豁免針對的是基金公司，管理公司獲得的管理費是需要納稅； • 提名董事可以在拿到工作簽證及本地地址（租房）後更換提名董事；或者想做個隔離或沒有本地位址繼續使用提名董事		

資料來源：磐合家族辦公室

惠。聰明的你，讀到這裡一定會有兩個關鍵問題：

一、**為什麼我要到新加坡做這件事？**

二、**做了這件事對我有什麼好處？**

答案是：如果我覺得我的錢放在自己國家不安全，如果我自己國家的稅太高，那我會想把我的錢移到什麼地方？可能的選擇有：新加坡、香港、瑞士等。

接著的問題是：那個國家安全嗎？那個國家的課稅規定（所得稅、遺贈稅等）是怎樣？那個地方方便去嗎？

考量以上問題後，新加坡可能就是首選了。

為什麼富豪願意砸大錢去新加坡？就為了這兩件事

但問題來了：我大費周章搬了一千五百萬美元（約兩千萬新幣）過去那裡，還要花一筆專業費用設架構，每年還要繳一些稅給新加坡政府，我到底圖的是什麼呢？答案很簡單，就為了兩個目的：

一、**取得新加坡工作簽證**（Employment Pass）：當地緣政治風險發生時，可以去新加坡長住避難。

二、**取得新加坡稅籍身分**（Tax Resident）：當銀行問我是哪裡的稅務居民時，我可以填新加坡。

新加坡政府可說是全世界最聰明、最有戰略、行動力最強的國家。他很懂得透過制定一些特殊法律、制度，來吸引全世界的富豪和資金到那裡，把自己打造成亞洲、世界財富管理中心。

為什麼新加坡推出這個制度，有人願意埋單？關鍵在於：

一、大家認為新加坡確實是一個夠安全的地方，不管是金融體系、制度或生活環境。

二、新加坡的稅制是「屬地主義」：只有來源於新加坡當地的所得才課所得稅（不包括資本利得），且**沒有遺產稅與贈與稅**。

就這樣，全球富豪蜂擁進入新加坡成立自己的家族辦公室，新加坡成功打造自己成為亞太資產管理中心。

你吃香喝辣，我也要！

看到新加坡吃香喝辣、如此成功，香港立刻效法，端出他的牛肉：二〇二二年十二月六日正式建議向香港特區立法會提交《二〇二二年稅務（修訂）（家族投資控股工具的稅務寬減）條例草案》，為單一家族辦公室在香港管理的合資格家族投資控股工具（也稱「家族投資控股實體」或Family-owned Investment Holding Vehicles，簡稱FIHVs）提供稅務寬免。該項稅務寬減於二〇二二年四月一日開始的課稅年度追溯生效。請參考表2-6。

簡言之，香港效法新加坡，吸引高資產家族到香港設立家族辦公室，門檻是二·四億港幣。推出後的成效如何呢？對大陸的高資產家族而言，有些吸引力，因為對大陸人

表2-6　在香港設立家族辦公室的相關規定

項目	要求
具資格的SFO	• 在香港或香港境外成立的私人公司；在香港進行中央管理或控制 • 最少95%的實益權益須由該家族的相同或不同的成員直接和間接享有 • 最少有75%應評利潤得來自向該家族的指明人士提供的服務
實體	• 公司 • 合夥企業 • 信託（包括《立法會參考資料摘要》所述的全權信託）
營運要求	• 資產最低門檻是2.4億港幣，**AUM全部都在海外也可以**，如證券，私人公司的或其發行的股份、股額、債權證、債權股額、基金、債權或票據，期貨合約，外匯合約，銀行存款等的交易及附帶交易（**附帶交易不超過5%**） • 至少需要兩位在港的全職員工 • 至少200萬港幣的營運開支
滿足資格要求	• SFO和FIHV需向稅務局提交利得稅表 • FIHV需要向稅局提交IR1479表格《家族控權工具的稅務寬減》 • SFO和FIHV需為其實益擁有人保留足夠的記錄，相關資料至少需要備存七年（如未遵守，會有相關的處罰）
補充說明	• 該項目**不需要香港稅局或其他部門的審批，可以馬上啟動** • SFO一般無須根據《證券及期貨條例》申領牌照 • 不超過五十個FIHV（FIHV由香港稅局監管）

資料來源：磐合家族辦公室

士而言，香港身分有些便利性與稅務效果。但對台灣家族而言，吸引力可能就不大了。

談到這裡，應該能解決大部分讀者對「什麼是家族辦公室？」的疑惑了。

設立家族辦公室前，先問自己幾個問題

切身的問題是：「如果我要設立我家的家族辦公室，應考慮哪些問題呢？」我們就以陳氏家族為例吧。

首先，陳董需先思考：他是否對地緣政治風險有擔憂？他是否想為此做人身與資產安全的備案？如果是，新加坡可能是他優先可以考慮的地方。

他可以考慮將家族與公司資產部分存放在新加坡，公司營運可將部分功能（functions）調整至新加坡，而整個家族成員可以在設立的新加坡家族辦公室與公司擔任一些職位，進而申請工作簽證。同時，若陳氏集團的海外營運（大陸、越南、香港）獲利很高，家族成員也可以對稅務居民身分做一些規劃。

以上，必須對陳氏集團的整體營運、未來戰略發展方向、每位家庭成員的實際情況、家族資產的種類與配置與稅務，做整體的考量與評估，以做出最適切的家族辦公室

架構與安排。

結論：家族辦公室的設立，與家族整體戰略密不可分

- 家族辦公室是一個概括性統稱，可以有很多不同的區分角度與標準，重要的是要看實質的服務內涵與功能。
- 家族辦公室是一套長期治理機制，能真正為家族安全與傳承創造深遠、實質的效益。
- 設立家族辦公室是一項需要深思熟慮的家族戰略選擇。無論是新加坡、香港，或其他地區，都各有制度優勢與風險限制，需綜合評估考量。
- 真正適合的家族辦公室，必須根據家族資產特性、稅務需求、成員布局與未來風險進行整體規劃。設架構之前，更重要的是釐清目的、確定需求，才能做出正確決策。

後記

Equal不等於Fair！

黃文鴻

家族傳承有SOP嗎？答案是：有

筆者總結近二十年服務眾多家族的經驗，整理歸納出「守」、「攻」、「傳」三大體系架構，是一個很好用來梳理、檢視與著手規劃的傳承邏輯體系。我們以陳氏家族為案例，依此架構，對於陳董家在各個層面應考慮的事項，以及實際應如何規劃與執行，做了完整的論述。

讀者在思考自己家族傳承的問題時，若能套入圖2-32的完整邏輯架構，即可很快判斷出：目前哪一塊最弱？哪一塊需要補強？應該如何分階段進行？

家族傳承涉及的領域很廣，博大精深。以上各個模塊，其實都還可以更深入論述。本書的目的，是先給讀者一個初步的框架概念，而實際規劃時，還是要依照每個家庭不

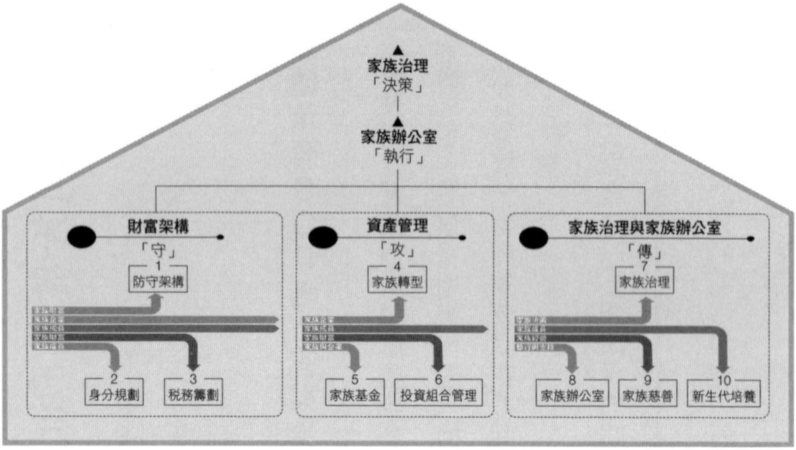

圖2-32　家族傳承的整體框架

資料來源：磐合家族辦公室

同的情況，與專家深入探討後，量身打造客製方案。

筆者從事此工作近二十年，除了發展並歸納出本書所介紹的邏輯框架外，還有以下重要的心得，是筆者看了與輔導過這麼多家族後的深刻體悟，想跟大家分享。

Equal（均分）不等於Fair（公平）！

家產均分，幾個孩子就平均成幾份，這似乎是再天經地義不過的事了。撇除少數老一輩極度重男輕女的情況外，幾乎每個家長都是不假思索地選擇平均分配。

在前面第二篇文章〈傳承規劃「守」的起手式：股權結構規劃〉談到股權規劃

的原則時，我已經論述過：「股權平均」這件事有多麼「致命」，以及股權集中、不分家的原則，還有可使用的工具。除了股權外，其實資產平均，一樣是問題重重。

到底「平均」有什麼問題？首先，equal不等於fair。**問題出在「fair」這個概念上**。這個問題有兩個層次。

第一個層次是：這世界上根本不存在所謂的絕對公平（fair）。

舉例而言：您教育兒子與女兒的方式是一樣的嗎？如果不一樣，當您兒子質疑您為什麼不同時，您認為應該調整成用對兒子的方式對女兒嗎？我相信，多數時候我們都必須「因材施教」，依照孩子不同的條件與情況，給予不同的對待方式。那這時候，當兒子或女兒說「不公平」時，您怎麼回應？

我的答案是：**壓根子我就不要給你所謂「公平」這個概念**。壓根子就沒有所謂公平或不公平。簡言之：**江山是爸媽打下來的，只有我認為適不適當，沒有你認為的所謂公平不公平**。

這裡其實隱含了一個現象：文化、價值觀的差異。

西方人因為信仰基督教或天主教，他們認為：我們在世所賺得的財富，其實都是天父給的，不是我們自己的。所以當談到傳承時，他們強調「代管」的概念：**東西不是留

給下一代的，你只是「代為保管」，代天父持有，不是你的。

既然東西本來就不是你的，也就沒有所謂公平不公平的問題。反觀東方人，眼巴巴看著爸媽龐大的財產，心裡想著：「他們走了，那些就是我的。」自然就衍生出很多爭搶與糾紛的問題。

第二個層次是：沒有人會真的認為「fair」，因為每個人心中對「fair」的那把尺都不同。

父母經常認為，他們為孩子們想得很周到，也做到了公平（其實是平均）。問題是，如果你去問每個孩子，他們認為公平嗎？八九不離十，都會說「不公平」！一個孩子可能認為：公司都是我在營運，累得半死，你們其他人只是快樂股東，憑什麼分得跟我一樣？而其他「既得利益者」則認為：當然要一樣啊！甚至即便是兄弟倆都在公司內，哥哥認為他付出較多，弟弟沒什麼大功用，所以他應該要多分一點；弟弟卻認為，哥哥總是犯戰略錯誤，還害公司虧錢！

結論是：**父母親用心良苦地平分，效果往往不是父母親預期的那樣**。

我個人的建議是：一方面，本來就要刻意**避開「fair」這個觀念，從頭就不應該有**；另一方面，甚至應該**把資源刻意傾斜給有能力的人去經營管理家族企業**。畢竟，強者若能協助家族賺更多錢，自然有更多的資源可以好好照顧弱者。

另外，也可以強調「代管」的觀念，無論是誰在經營家族企業、管理家族財富，**都是為了更妥善地傳承給（pass on to）下一代**，是為了家族永續而努力，不是為了個人。

鼓勵「製作新蛋糕」，不是總想著「切蛋糕」

這是另一個**非常重要的觀念與議題**。大部分的創一代，在寫家族憲法或做傳承規劃時，九九%的精力都集中在如何「公平地」照顧後代。在分配利益與制定福利制度時，總是盡可能想得周全，深怕哪個孩子覺得自己吃虧、不高興。

這種「分蛋糕」的觀念，其實是害了後代！

在國外，曾經有個知名家族的孩子，從小被教導要奮發向上，他也確實很努力。但當他十八歲成年那一天，**突然被告知**：他爺爺設立的信託，每年會分配一百萬美元給他當生活費。他頓時暈了，因為他不知道還有什麼值得他努力的，**可以直接躺平了！**人生頓時失去方向。

雖然家族憲法第一章談的是創辦人的創業故事，但第二、三代大都是在優渥的環境中長大，不要說創業精神，**能守成已經是阿彌陀佛**。**「青出於藍、更勝於藍」**的例子，**其實非常罕見**。其中一個少數的例子是國內的三商集團。最初的三商行有三個創辦人，創立於一九六四年，他們是台大商學系的三位學長學弟，因此取名為「三商」。

其中的翁肇喜先生仍是目前**三商美邦人壽**董事長，育有一子一女。兒子翁維駿先生非常優秀，清華大學畢業後赴國外深造，取得美國賓州大學化學博士學位，回國後創業創立了旭富製藥，於二〇〇四年成功上市，之後併入三商控股集團。雖然於疫情期間意外歷經一場大火，廠房付之一炬，**依然能堅忍不拔地重新站起來**，實在非常了不起，他們可以說是**國內外家族企業的標竿典範**！

因此，家族企業的創辦人與大家長，宜盡可能鼓勵家族成員到別的公司歷練。古人所說的「易子而教」，就是深刻體認這個道理。**鼓勵後代多去外面闖，給予家族資源來鼓勵「製作新蛋糕」，而不是滿腦子只想在家「分蛋糕」**。否則，當家族成員數量以等比級數成長，一個蛋糕能切幾塊呢？

日本家族企業的傳承方式：單一繼承人

日本家族企業有個全世界獨有的傳承方式：**只傳給一位（一般是長子），其餘家族成員全部出局**。如果是女兒，則可能招贅傳給女婿。這個方式，在歐美與華人世界基本上看不到，聽起來相當不可思議，但卻也是我認為可能優先的**理想方式**！

日本此制度源自於封建時代的「家督制度」，家族財富與地位只單傳一人，通常是長子，以維持家族的整體社會與經濟地位。為什麼會如此？其實日本人很早就深刻體會一個道理：分家會削弱力量，要避免因分割而削弱家族事業與資產。

我常鼓勵家裡孩子還小、尚未就業的企業主：**以後孩子長大，如果要讓他進入公司，請選「一位」就好，其他的請勿進入**，更不用說姻親。原因是，我輔導過這麼多家族企業，我的心得是：**家族成員同在一個屋簷下，存在的弊病遠大於與遠多於優點**。

我有一位客戶，做文具設計、製造、代工，以對外貿易為主。五十歲早早就退休了，基本上已不管公司營運的事。公司內部的高階主管獎酬制度制定得非常好，大方分享利潤給高階主管與員工。**公司內沒有任何一位家族成員，遠親、近親都沒有**。

結果如何？公司營運得非常好，每年都賺很多錢。**為什麼人家做得到？**這是一個活生生的例子。

華人常有的思維是：家人比外人更值得信任，因此把家人都安排進公司上班。問題是，在「公領域」，要完全區隔家人關係與公領域關係，**那是天方夜譚**。然後，就開始夾雜各種複雜的情緒與關係，剪不斷、理還亂，進退兩難，難以收拾。舉**幾個例子：**

一、弟弟的能力比哥哥強，但哥哥長久跟在爸爸身邊。

二、女婿的業務能力很強，掌握公司重要的大客戶，但創辦人屬意的接班人是兒子。

三、女兒掌管公司財務，經營管理能力也很強，但創辦人嚴重重男輕女，屬意各方面較弱的小兒子接班。

請問，以上這些情況要怎麼處理？坦白說，**很難**。**因為親情夾雜其中，很難「秉公處理」**。或許這也是聰明的日本人早已看破的道理，發展出一套最「殘忍」，卻也是最「有效率」的傳承制度。

我去哈佛大學研習傳承課程時，教授談到日本百年傳承的知名羊羹店「虎屋」

（Toraya），他們家族的後代就是教授的學生。教授問他：「你們家的傳承真的是只選定一人，然後其他家族成員全部出局嗎？」答案是：**是的**。

希望我在書中分享的經驗與心得，對各位讀者有所幫助，祝福您「家業長青，家和萬事興」！

總結：傳承不必均分，重在適才適所

- 請不要再認為「equal等於fair」了。
- 「Fair」這個概念有兩個層次的問題。第一個層次是：這世界上根本不存在所謂的絕對公平（fair）。第二個層次是：沒有人會真的認為「fair」，因為每個人心中對「fair」的那把尺都不同。
- 鼓勵與創造機制，讓孩子「製作新蛋糕」，不要總想著「切蛋糕」。
- 最後，如果可以，只選一位孩子在家族企業裡發展就好，其他孩子們就鼓勵他們向外發展。

新商業周刊叢書BW0877C

企業傳承與交接班實務

從心態調整、股權規劃到家族辦公室，增進兩代和諧，實現企業永續的百年大計

國家圖書館出版品預行編目（CIP）資料

企業傳承與交接班實務：從心態調整、股權規劃到家族辦公室，增進兩代和諧，實現企業永續的百年大計／曾國棟，黃文鴻原著．口述；李知昂採訪整理. -- 初版. -- 臺北市：商周出版：英屬蓋曼群島商家庭傳媒股份有限公司城邦分公司發行, 2025.08
面；　公分. --（新商業周刊叢書；BW0877C）
ISBN 978-626-390-617-4（精裝）
1.CST: 家族企業　2.CST: 企業管理
494　　114009567

線上版讀者回函卡

原著．口述／曾國棟、黃文鴻
採訪整理／李知昂
責任編輯／鄭凱達
版　　權／吳亭儀、江欣瑜、顏慧儀、游晨瑋
行銷業務／周佑潔、林秀津、林詩富、吳藝佳、吳淑華

總 編 輯／陳美靜
總 經 理／賈俊國
事業群總經理／黃淑貞
發 行 人／何飛鵬
法律顧問／元禾法律事務所　王子文律師
出　　版／商周出版
115台北市南港區昆陽街16號4樓
電話：(02)2500-7008　傳真：(02)2500-7579
E-mail：bwp.service@cite.com.tw
發　　行／英屬蓋曼群島商家庭傳媒股份有限公司　城邦分公司
115台北市南港區昆陽街16號8樓
電話：(02)2500-0888　傳真：(02)2500-1938
讀者服務專線：0800-020-299　24小時傳真服務：(02)2517-0999
讀者服務信箱：service@readingclub.com.tw
劃撥帳號：19833503
戶名：英屬蓋曼群島商家庭傳媒股份有限公司城邦分公司
香港發行所／城邦（香港）出版集團有限公司
香港九龍土瓜灣土瓜灣道86號順聯工業大廈6樓A室
電話：(852)2508-6231　傳真：(852)2578-9337
E-mail：hkcite@biznetvigator.com
馬新發行所／城邦（馬新）出版集團Cite (M) Sdn Bhd
41, Jalan Radin Anum, Bandar Baru Sri Petaling, 57000 Kuala Lumpur, Malaysia.
電話：(603)9056-3833　傳真：(603)9057-6622
E-mail：services@cite.my

封面設計／FE設計・葉馥儀
印　　刷／鴻霖印刷傳媒股份有限公司
經 銷 商／聯合發行股份有限公司　電話：(02)2917-8022　傳真：(02) 2911-0053
地址：新北市231新店區寶橋路235巷6弄6號2樓
ISBN／978-626-390-617-4（紙本）　978-626-390-614-3（EPUB）
定價／600元（紙本）　420元（EPUB）

2025年8月21日初版1刷

商周出版

廣　告　回　函	
北區郵政管理登記證	
台北廣字第000791號	
郵資已付，免貼郵票	

115 台北市南港區昆陽街16號4樓

商周出版 收

請沿虛線對摺，謝謝！

商周出版

書號：BW0877C　　書名：企業傳承與交接班實務　　編碼：

請於此處用膠水黏貼

商周出版

讀者回函卡

感謝您購買我們出版的書籍！請費心填寫此回函卡，我們將不定期寄上城邦集團最新的出版訊息。

不定期好禮相贈！
立即加入：商周出版
Facebook 粉絲團

姓名：＿＿＿＿＿＿＿＿＿＿＿＿＿＿＿＿ 性別：☐男　☐女

生日：西元＿＿＿＿＿年＿＿＿＿＿月＿＿＿＿＿日

地址：＿＿＿＿＿＿＿＿＿＿＿＿＿＿＿＿＿＿＿＿

聯絡電話：＿＿＿＿＿＿＿＿＿＿　傳真：＿＿＿＿＿＿＿＿＿＿

E-mail ：

學歷：☐ 1. 小學 ☐ 2. 國中 ☐ 3. 高中 ☐ 4. 大學 ☐ 5. 研究所以上

職業：☐ 1. 學生 ☐ 2. 軍公教 ☐ 3. 服務 ☐ 4. 金融 ☐ 5. 製造 ☐ 6. 資訊
☐ 7. 傳播 ☐ 8. 自由業 ☐ 9. 農漁牧 ☐ 10. 家管 ☐ 11. 退休
☐ 12. 其他＿＿＿＿＿＿＿＿＿＿

您從何種方式得知本書消息？

☐ 1. 書店 ☐ 2. 網路 ☐ 3. 報紙 ☐ 4. 雜誌 ☐ 5. 廣播 ☐ 6. 電視
☐ 7. 親友推薦 ☐ 8. 其他＿＿＿＿＿＿＿＿＿＿

您通常以何種方式購書？

☐ 1. 書店 ☐ 2. 網路 ☐ 3. 傳真訂購 ☐ 4. 郵局劃撥 ☐ 5. 其他＿＿＿＿

您喜歡閱讀那些類別的書籍？

☐ 1. 財經商業 ☐ 2. 自然科學 ☐ 3. 歷史 ☐ 4. 法律 ☐ 5. 文學
☐ 6. 休閒旅遊 ☐ 7. 小說 ☐ 8. 人物傳記 ☐ 9. 生活、勵志 ☐ 10. 其他

對我們的建議：＿＿＿＿＿＿＿＿＿＿＿＿＿＿＿＿＿＿＿＿
＿＿＿＿＿＿＿＿＿＿＿＿＿＿＿＿＿＿＿＿
＿＿＿＿＿＿＿＿＿＿＿＿＿＿＿＿＿＿＿＿

請於此處用膠水黏貼